迁徒行家

神奇动物

　　野生动物的生活并不容易。在生态系统中生存，它们必须获取食物，与竞争对手抗衡，抵御被四处窥视的危险。在很多情况下，它们栖息的地方并不能提供必要的条件，保证它们一年内生存所需。

　　大多数动物居有定所，总生活在同一个地方，有时候也会去别处短暂栖息。但是，地球各大陆发展缓慢，气候变化，环境演变，迫使许多物种

迁徒以求生存。

　　有些动物迁徒好几千公里，从冬季地区到夏季地区；有些动物，从幼年出生地跋涉至觅食地；也有些动物，会进行短距离的转移，但过程危险重重，艰辛万分。很多情况下，动物的迁徒要付出高昂的代价。我们会在本书中看到，12 个物种，响应本性隔代遗传的召唤，意志坚定地进行着令人难以置信的迁徒。

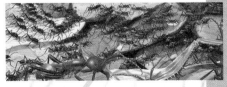

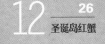

旅鼠

学名：*Lemmus sp.*

一种小小的啮齿动物，
一身软毛，尾巴短小，
与仓鼠酷似。

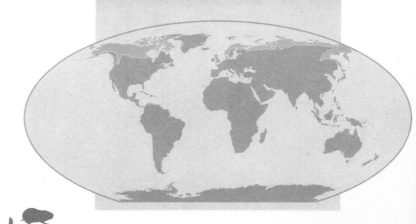

栖息在欧亚大陆和北美北极地区。

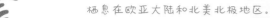

　　北极冻土地带，广袤辽阔，气候严寒，只有地衣和小型草本植物才能生存。旅鼠就生活在这些植物下面，它们开挖出长长的地道，里面铺上狐狸毛和驯鹿毛。这样，它们才能抵御该地区肆虐的酷寒和可怕的风暴。它们还建造储藏室，存放过冬食物。一个旅鼠族群的地道可形成一个走廊网络，延伸可达数百公里。

　　旅鼠生活孤独。只有在交配时期，它们才出双入对。它们几乎整天都在寻找植物叶片、根、茎和种子，也捕捉蛆虫和昆虫的幼体，改善伙食。跟所有的啮齿动物一样，旅鼠一生都在不停地长着门牙，所以，必须不断啃咬植物根茎，磨砺牙齿。有些北极哺乳动物，诸如北极松鼠、北极熊和土拨鼠，冬季会冬眠，或者昏睡。但是，旅鼠一年到头始终活跃。

神奇动物
迁徙行家
VIAJEROS

[西班牙] 舒利奥·古铁雷斯 著 [西班牙] 尼古拉斯·费尔南德斯 绘 林雪 译

中国友谊出版公司

生命之树

脊椎动物

棘皮动物

节足动物

软体动物

环节动物

刺胞亚门动物

多孔动物

镤

出品人：许　永
责任编辑：许宗华
特邀编辑：何青泓
责任校对：雷存卿
封面设计：海　云
内文排版：万　雪
印制总监：蒋　波
发行总监：田峰峥

实 例

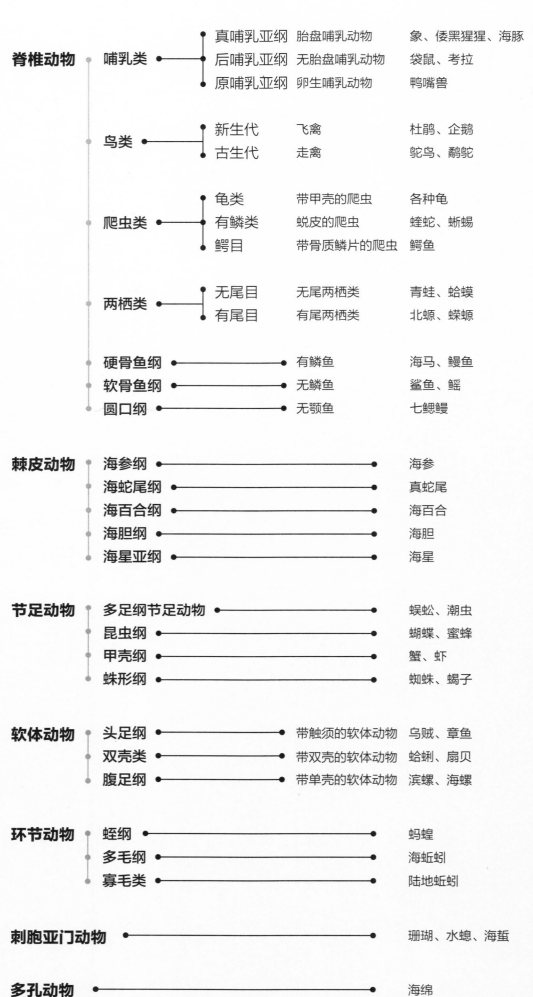

脊椎动物	哺乳类	真哺乳亚纲	胎盘哺乳动物	象、倭黑猩猩、海豚
		后哺乳亚纲	无胎盘哺乳动物	袋鼠、考拉
		原哺乳亚纲	卵生哺乳动物	鸭嘴兽
	鸟类	新生代	飞禽	杜鹃、企鹅
		古生代	走禽	鸵鸟、鸸鹋
	爬虫类	龟类	带甲壳的爬虫	各种龟
		有鳞类	蜕皮的爬虫	蟒蛇、蜥蜴
		鳄目	带骨质鳞片的爬虫	鳄鱼
	两栖类	无尾目	无尾两栖类	青蛙、蛤蟆
		有尾目	有尾两栖类	北螈、蝾螈
	硬骨鱼纲		有鳞鱼	海马、鳗鱼
	软骨鱼纲		无鳞鱼	鲨鱼、鳐
	圆口纲		无颚鱼	七鳃鳗
棘皮动物	海参纲			海参
	海蛇尾纲			真蛇尾
	海百合纲			海百合
	海胆纲			海胆
	海星亚纲			海星
节足动物	多足纲节足动物			蜈蚣、潮虫
	昆虫纲			蝴蝶、蜜蜂
	甲壳纲			蟹、虾
	蛛形纲			蜘蛛、蝎子
软体动物	头足纲		带触须的软体动物	乌贼、章鱼
	双壳类		带双壳的软体动物	蛤蜊、扇贝
	腹足纲		带单壳的软体动物	滨螺、海螺
环节动物	蛭纲			蚂蟥
	多毛纲			海蚯蚓
	寡毛类			陆地蚯蚓
刺胞亚门动物				珊瑚、水螅、海蜇
多孔动物				海绵

鲁莽大胆的旅程

旅鼠多子多孙。雌旅鼠满一岁前，可产六胎，每胎八崽。这样，就弥补了它们主要的掠食者如雪鸮、狐狸、白鼬等所造成的大量死亡。

不太清楚是什么原因，有几年，它们的数量增长迅速，能翻过 30 倍。一旦如此，食物便会短缺。它们唯一的出路就是迁徙。数百万只旅鼠分散成一个个庞大的群体，从各个方向，去别的地域寻找食物。

旅鼠受本能的驱使，毫不顾及地域内的种种变故，迅速直线移动。它们是游泳健将，越高山，过沼泽，甚至穿越河流湖泊。

跋涉中，它们会大量死亡。有的旅鼠由于后面伙伴的推挤，从悬崖高处坠下；有的在过河的时候被活活淹死；有的则被掠食者生生擒获。

迁徙频频进行，以致传言及迷信之说四起。16 世纪，人们以为旅鼠自空中降落，仿佛泻下一场魔幻的雨水。还有一个传播极广的神话，说它们在海里游泳，或者从悬崖上跳进河中，成群结队地自杀。

美洲野牛

学名：*Bison bison*

美洲最大的陆地动物。
头颅硕大，尖角弯曲，
肩上有一个毛茸茸的鼓包。

　　像家牛一样，野牛是反刍类动物，不过很难驯养。它本性倔强，摸不清它的底细。它很聪明，用打响鼻、哞叫和吼鸣与其他野牛交流沟通。

　　野牛群里，它们会根据出生日期拥戴一个头领。早出生的公牛会成为统治者。到它们成年，便会拥有一小群母牛作为自己的妻妾，它会保护母牛们免受劲敌的骚扰。历时两三个星期的交配期过后，公牛便与母牛分离，并不会去照料未来的子女。

　　野牛在尘土和泥浆中打滚取乐。在它们撒欢取乐的地方，形成了一块块洼地，到处是粪便和乱毛，密不透水；一下雨，就变成一个个泥水塘。在干旱季节，这种水对于数量众多的动物来说，至关重要。等野牛离开时，它们会翻动土地使其变得肥沃，促使植物开花。

　　为了利用野牛的毛皮，剥夺印第安人维持生计的主要来源，欧洲入侵者灭绝了美洲野牛，这样有利于他们侵占土地。18世纪和19世纪大规模杀戮之后，美洲野牛的数量急剧下降，从6000万头降至750头。如今，在私人庄园，约有50万头美洲野牛；在公共保护区，豢养着约3万头。最大的保护区在黄石国家公园内，约有1.5万头美洲野牛自由自在地生活在没有围墙的区域里。

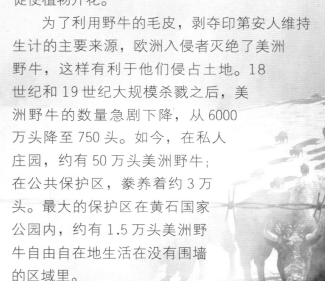

中断的迁徙

美洲野牛栖息于干旱地域，这种地方，每一季节，气候完全不同。每当草源稀少，野牛便组成庞大的群体，开始长途跋涉，寻找水和食物。它们慢慢吞吞地行进着，一天走约4公里路程，时不时地停下来吃草。它们一面行进一面吃草，一天要花上9到11个钟头。

欧洲人来到之前，北美大草原栖息着数百万头这样的大型野兽。它们每年在大迁徙奔跑的时候，发出的巨响声震苍穹。它们每小时奔跑60公里，跳跃高度超过1.8米，奔跑起来确是一番令人毛骨悚然的景象。

如今，美洲野牛已经不能迁徙了，都被圈养在保护区里，处处都有围墙，阻挡出入。这些令人畏惧的有蹄类动物无计可施，只得让保护区的管理人员领到食槽吃草，犹如家畜一般。这真是一幅悲哀的写照。

蓝角马

学名：*Connochaetes taurinus*

牛科动物，脑袋大，鬃毛长，
蹄子细巧，末端有锐利的蹄甲。

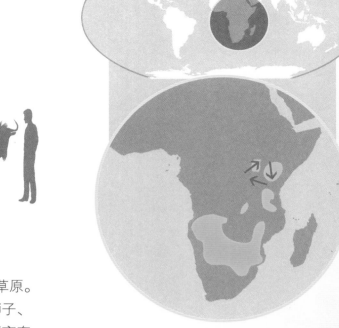

栖息在撒哈拉以南的
整个非洲大草原。
如今已濒临灭绝，
多生活在广袤的保护区。

蓝角马是一种羚羊科动物，丑陋、笨拙，盛产于非洲大草原。许多食肉动物都企图捕猎角马。非洲野犬、花豹、猞猁、狮子、鬣狗和鳄鱼都是它的死敌。它的自卫武器就是速度：它短距离奔跑的速度每小时可超 100 公里，疾驰每小时达 70 公里，可持续的时间远比追捕者耐久。

角马组成了世界上哺乳动物数量最大的野生族群。角马往往与斑马、羚羊以及其他羚羊科动物一起迁徙，它们联合利用不同族群的能力（视力、听力和嗅觉），警惕哪怕最轻微的危险信号。

族群中间行走的是最脆弱的角马，体魄强壮的雄角马走在外围。它们犄角锋利，能对狮子等这样强大的掠食者造成严重的伤害。歇息时，雄角马轮流守在外层周围，让其他角马得以在族群中间安稳睡觉。

幼马学习走路的时间很短。诞生后两三分钟，就能站立起来，10 分钟之后，就能跟上族群的步伐。到第四天，奔跑得比狮子还要迅捷。

生活在食物丰富地区的角马是定居的，不过大部分角马栖息在夏季干燥的地带。所以，为了生存下去，它们必须迁徙，寻找草源。

降生伊始即奋力奔跑

角马的迁徙是陆地动物迁徙次数最多的。雨季，1月和3月之交，它们从塞伦盖蒂平原开始迁徙。那里聚集了来自东部干旱地区的成千上万头食草动物：27万头斑马，1700万头角马和47万只羚羊。2月份，角马还产下了30万至40万只幼崽。母子必须尽快恢复体力，以便进行800公里的跋涉。

5月份，雨季结束。族群开始撤离，朝西北方向迁徙。6月底，到达最危险的河流：马拉河和格鲁米河。

成千上万条鳄鱼等候着即将到来的盛宴，而这些食草动物，为了穿越这些渡口，要付出生命的高昂代价。

七八月间，各族群抵达肯尼亚，它们以啃食马赛马拉地区的夏季草料为生，一直待到11月。第一阵降雨之后，它们开始回归塞伦盖蒂平原，12月到达该地。

迁徙期间，死亡率很高。每年，大约有25万头角马和3万头斑马死于饥饿、干渴和疾病，要不，就葬身掠食者的口腹。存活下来的，则开始物种生命的一个新的循环。

北极燕鸥

学名：*Sterna paradisea*

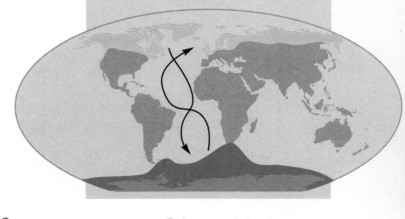

这种海鸟优雅潇洒，
比海鸥小巧苗条。
橙色的鸟喙，黑色的冠顶，
还有一条丫杈状的纤细尾巴。

北半球夏季期间，燕鸥栖息于
欧洲、亚洲和北美洲的北极海岸，
并在该地建立抚养幼雏的基地。

燕鸥是捕鱼能手。它在高处飞翔，脑袋冲下，搜寻食物。当它看到猎物时，便立即一个俯冲，飞扑过去。它能捕获离海面不足 15 厘米的小鱼和海洋无脊椎动物。

寻找配偶的时候，雄燕鸥全速往上垂直飞行，以此展示自己的力量。雌燕鸥观察着，如果一只雌燕鸥觉得受到吸引，便会朝雄燕鸥飞去。随后，双方慢慢滑翔，比翼飞下。接着，雄燕鸥会捕一条鱼，作为礼物献给雌燕鸥，同时，也为了缓和自己的攻击性。到了地上，它们会跳起一种复杂的舞蹈：它们有节奏地抬起尾巴，垂下翅膀。从此，它们就终生结合在一起，可达 30 年。

雌燕鸥在鸟窝产下两枚蛋，这对父母会拼命捍卫这个窝巢。对于任何一个入侵者，无论体型多大，它们都会凶狠异常地叼啄攻击。

燕鸥的前脑有一个叫作 "B 簇" 的区域，具有对于磁场特别敏感的神经元。这个器官与眼睛连接在一起，使它们能感受到地球的磁场，感受到视觉形象上的光线和阴影。这样，它朝北看，可以看到一个明亮的弓形；而向南看，也可以看到一个弓形，不过是颠倒的。

航空冠军

秋季，燕鸥贪婪进食，积累大量的饱和脂肪，增添足够的能量，以便进行 19000 公里的史诗般跋涉。燕鸥还会生产大量红细胞，激发动力，加入族群的行列，开始它朝南的旅程。

燕鸥不知冬季为何物，领教了 9 月的初寒，它就启程迁徙了。飞行过程中，它不远离海岸线，为的是定准自己的方位，在长达两个月的行程里，更容易得到补给，维持生计。

到了南极海，它也并不停歇。它要度过南极夏季的这几个月份，飞遍南极周围的海洋，专食磷虾果腹。

南极冬季来临，它回归的旅程便开始了。

燕鸥的迁徙书写在它的基因里。旅程中，它凭借地球磁场、太阳，也凭借自己的经验确定方向。第一次迁徙，父母带着子女，让它们辨识将来必须经历的北冰洋和南极海的路线。年龄越大，它们定位更准，能更好地纠正由于暴风雨和云雾造成的偏航。

燕子

学名：*Hirundo rustica*

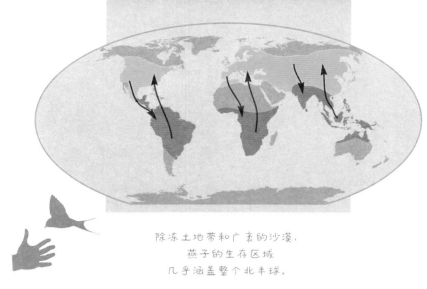

**燕子这种禽鸟白天活动，体态优美，酷爱啼鸣。
尾部有两条羽毛，又长又直，颇具特色。**

在欧洲，燕子飞临，春天伊始。灌木丛中、草原与耕田等开阔空间，可以看到它们从低空掠过；特别是水流附近，飞翔中的燕子渐渐靠近，用喙轻擦水面。与城市相比，燕子在农村更为常见。在城里，燕子与白腹毛脚燕分辨不清，但后者尾部较短，脸上也没有红色斑纹。

燕子穿梭飞翔，捕猎苍蝇、蚊子和牛虻。它张大嘴巴，展开嘴巴两侧的羽须，为的是更容易捕获猎物。燕子的飞行速度每小时可达 70 公里，它身手敏捷；出人意料的拐弯、杂技般的旋转以及令人头晕目眩的掠地飞行，它样样精通。

自然环境里，燕子在悬崖高处或凸出的岩石上筑巢。它对人类也很适应，因此，它利用屋檐、楼房的顶饰、桥梁以及其他高耸和难以攀登的建筑物安家。

燕子夫妇用喙制作一个个小泥球和小干草球，筑成杯形窝巢。随后，用植物根须铺垫内部。拂晓时分，父母双双外出捕食，回巢时，只见它们四五只雏鸟正长大嘴巴，啾唧不休地迎候爸妈，要求喂食。

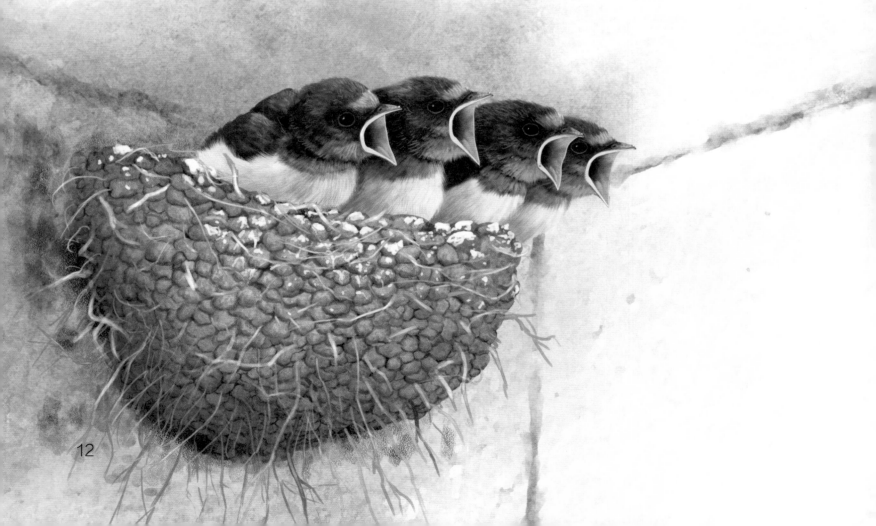

返回家园

秋天来到，昆虫数量减少，燕子便向南方迁移，寻找猎物更多的温暖地区。只有墨西哥、埃及和伊比利亚半岛南部的少数几个地区，才是它们的定居点。

雄燕先行迁移，比雌燕略早几天。年幼的燕子组成一个个燕群，叽叽喳喳的，要等待好几个星期。最后，也会启程南下。

燕子白天旅行，在栖息地过夜。成千上万只燕子聚挤在一起。曙光初现时分，它们啼鸣起来，在日出 10 分钟之后，启程飞翔。

跟燕鸥一样，燕子也靠地球磁场自助，不过它们定向的主要工具是视觉记忆。它们能准确记住往年归巢的路径。

它们还靠太阳定向。比起人类眼睛，燕子眼睛感知运动的能力要强得多。不管是将要捕捉的昆虫的快速活动，还是太阳的缓慢移动，它们都能感受到，而这两点，我们都是无法感知的。

到了过冬目的地，来自不同地区的燕子会一起建造过冬大本营。伊比利亚半岛的燕子将在非洲几内亚海湾地区（加纳、多哥和尼日利亚）过冬。

蠵龟

学名：*Caretta caretta*

生活在除北极寒冷水域外的
各大海洋中。

一种美丽的海龟，
脑袋巨大，眼睛凸出。

　　龟是唯一躲在硬壳里保护自己生存的爬行动物。壳由鳞、皮、骨构成。硬壳上层即背壳，由肋骨、肩板、脊椎骨以及其他连接在一起、布满厚厚角质鳞片的骨骼组成。这种角质，是构成脊椎动物趾甲、羽毛、鳞片、毛发、犄角的同一种蛋白质。硬壳下层即腹甲，由九根连接在一起、布满一层薄薄表皮的骨骼组成。

　　硬壳有 6 个出口，脑袋、尾巴和 4 个爪子（海龟是 4 个鳍）从中伸出。海龟不能像陆地龟那样，把脑袋缩进硬壳。

　　这种动物 85% 的时间在水中度过，能 4 个多小时不呼吸。海龟不适应严寒，零下 10 摄氏度的时候，它们便任凭漂浮，一动不动地深睡。

　　海龟自幼就有许多掠食者，不过，长大后，它们有了硬壳，只有大鲨鱼、虎鲸和人类才是它们不可抵御的敌人。许多海龟死亡，是因为它们以为袋子和气球是它们主要的食物——海蜇。它们胃里塞满了塑料，相继而亡。人类导致的另一个严重问题是，我们几乎没有给它们留下平静的海滩。在海龟产卵季节，大部分海滩都挤满了人群。

游泳悠哉游哉

蠵龟经常迁徙。每次迁徙，数月或数年不等。它们从觅食生存的地方，到达它们繁殖的海岸，要进行长距离的跋涉。

这一切，都从一个暖和的海岸起始。凭借黑漆漆夜晚的掩护，一只怀了孕的雌龟从大海中游出，笨拙地在沙滩上爬行了几公里。它用鳍挖了一个洞，在里面如释重负，下了100多个又白又圆的蛋。它小心细致地用沙埋好，回到大海，就听凭命运安排这些海龟蛋了。一个月之后，也是在晚上，小海龟破壳而出。它们用双鳍在沙滩打开一条路，力图在海鸥、螃蟹和别的掠食者捕获它们之前回到大海。许多小海龟都死了，不过幸存者会延续它们的种群。

在生命起始的几年，海龟生活在浮游于露天海洋的马尾藻巨大的簇群里，得以受到保护。一旦获得了足够的力量，海龟便启程大迁徙，历尽余生。它们跟随海流，由地球磁场导航，游得很慢，每小时仅 1.6 公里，以便积聚精力。

出生在日本的海龟要跋涉 9500 公里，才能抵达墨西哥的加利福尼亚湾，要耗时整整一年，才能完成迁徙。出生在佛罗里达的海龟则遵循海湾洋流，朝欧洲和非洲海岸迁徙。有些进入地中海，到希腊和土耳其产卵。它们产卵的其他重要地区是佛罗里达、佛得角、阿曼、澳大利亚和大珊瑚礁的海岸。

南非沙丁鱼

学名：*Sardinops sagax ocellatus*

沙丁鱼家族的一种小鱼。
身体两侧有若干圆斑，
与银色的躯体形成反差。

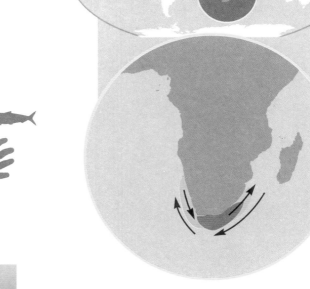

栖息在印度洋、
大西洋东南部的寒冷水域。

    经常不断地活动，就是南非沙丁鱼的一生。年复一年，它们数百万条聚集在一起，在开普敦南部繁殖。每条雌鱼可产下45000多颗卵子，由众多雄鱼为其授精。受精卵随即漂浮，朝北向纳米比亚大西洋海岸移动。几天后，卵子孵化，幼体破卵而出，很快就变成小鱼。

    年轻力壮的沙丁鱼结成一个个庞大的群体，一路向南。它们张大嘴巴，一面慢慢悠悠地游动，一面贪婪地吞吃浮游生物。它们最喜欢的猎物是磷虾和甲壳动物的幼虫。水域里食物丰盛，它们成长迅速。第一次迁徙完成后，便回到它们原先启程的故地。这时候，它们已经成年了。

    五六月之交，它们开始第二次迁徙。这是一次长达1000余公里的壮观旅程，一路朝北，直到祖鲁兰迪亚的印度洋海岸。这次迁徙很出名，叫作"沙丁鱼冲刺"。为了进行这次难以置信的跋涉，它们必须避开湍急的洋流，穿过季节性形成的、靠近海岸的一条水流平静、寒冷的狭窄通道。

    直到不久以前，人们还以为，最大规模的群体迁徙当数角马；但是，科学家认为，南非沙丁鱼更配得上这项美誉。

沙丁鱼冲刺

沙丁鱼迁徙，群体规模巨大，卫星上都能看得到。每个鱼群长可达 15 公里，宽 3 公里，深 40 公里。几十亿条沙丁鱼组成的如此规模宏大的鱼群吸引了许多掠食者。遭遇袭击时，沙丁鱼便彼此紧挨着，聚集成一个十分紧密的保卫圈，名叫"保卫球"。

危险来自四面八方。成群结队的海豹和海豚从"沙丁鱼球"外层进攻，而黑脚企鹅和开普敦鸬鹚则捕捉行动缓慢、落单的沙丁鱼。剑鱼以极快的速度刺入球内，挥动它致命的武器，杀戮和吓唬数以十亿计的沙丁鱼，随后统统吃掉。开普敦鸬鹚自 30 米高处跃下，潜入水中。它冲击的那一刻，其速度可达每小时 90 公里。与此同时，布氏鲸自下激烈冒将出来，大嘴一张，便吞食下数百条沙丁鱼。

袭击时刻，掠食者狼吞虎咽，海水波涛汹涌；填饱了肚皮，方始停息。大屠杀之后活命的沙丁鱼，穿过印度洋海底又冷又黑的水域，朝南回归。那里等待它们的，是一段新的旅程。

大西洋鲑鱼

学名：*Salmo salar*

鲑鱼这种鱼体型大，能力强。
身体两侧有黑色圆圈，
鱼鳍有黑色线条。

栖息于北大西洋
以及流入该大洋的诸多河流中。

鲑鱼出生的沙砾河床，河流水不甚深，氧气却极充足。雌鱼在其中产下成千上万枚卵。30 天之后，鱼苗降生。它们要在河流里生活 4 至 6 年，以捕食小昆虫、软体动物、甲壳动物和这些动物的幼虫为生。这个阶段，它们称为幼鲑。它们身体两侧有鲜明的红色和蓝色斑点。它们十分脆弱，许多掠食者都捕猎它们，只有少量幼鱼能熬过这个阶段。

等长到约 14 厘米长、250 克重的时候，鲑鱼就会感受到大海的召唤。在河流下游游弋的时候，鲑鱼会感受到它内部器官激烈的变化，这可以让它忍受海中的盐分。这时，它皮上的红点渐渐淡化，变为成鱼特有的银蓝色。到了河口，鲑鱼会在那里待上几个星期，在前往海洋之前，先适应盐性。

鲑鱼在大海里继续长途跋涉，需历时 2 至 4 年。它顺着大陆架的海流游行，这个区域食物丰盛，它可以吞吃乌贼、虾和小型鱼类。在迁徙的这一阶段，鲑鱼长大许多，一直长到成年，完善它的繁殖能力。

返乡

鲑鱼感到自己已经准备好回家了，会本能地回到它出生的河流。它利用地球磁场导航，从河水的颜色确定河流的具体位置，那是它幼年时就留在记忆里的。沿着河流而上，鲑鱼又开始变换颜色，变得有点绿，也有点红；雄鱼的牙床发育得十分有力，向前凸出。

沿河而上是一场危险的跋涉。诸如水獭、猎鱼鹰和熊等掠食者每年要捕杀成千上万条鲑鱼。污染和人类的狂捕滥杀，以及妨碍和阻拦鲑鱼进入产卵地区的水库，都是它很大的麻烦。鲑鱼一路消耗了大量的体力，大部分在产卵之后，因筋疲力尽而死去。只有极少数鲑鱼还有足够的力量回到大海，翌年重回河流。

鲑鱼在背鳍和尾鳍之间，有一个肉嘟嘟的鳍，末端布满了神经。仿佛一台水力传感器似的，用来感觉水的动静。依靠这一与触觉相似的感觉，它可以在岩石之间、激流及瀑布中漫游。

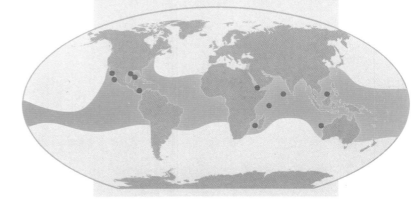

鲸鲨

学名：*Rhincodon typus*

仅次于鲸鱼的
世界第二大动物；
也是最神秘莫测的动物之一。

栖息于热带海洋
自海面至100米大洋深处。

　　鲸鲨宽一米半的大嘴并不用来咬噬。它有27000颗极小的牙齿；牙床粗粝，犹如一张砂纸。它皮上无鳞，密布极其细小的倒刺。幸亏这一流体力学的设计，它在水里才得以游动自如，比拥有一张光滑的皮强多了。这些倒刺也能阻挡寄生虫依附在它身上；但是，却不能避免印头鱼紧贴在它腹部。

　　线条曲曲弯弯，白圆圈斑斑点点，这幅蜿蜒曲折的图景装点着它暗黑的脊背，仿佛指纹似的，每条鲸鲨各不相同。

　　鲸鲨每天约用8个小时进食。它最爱吃的是浮游动物；不过，它也捕捉例如沙丁鱼、鲭鱼和墨鱼等较大的动物。它张大嘴巴，行进十分缓慢，同时吸收带有浮游动物的海水。接着，它闭上嘴巴，用鳃过滤食物，排出多余的水来，最后吞下捕获物。一小时之内，它要过滤约6000公升的水，还时不时地激烈咳嗽，将常常附着在鳃上的讨厌的颗粒物排出。

　　雌鲸鲨把受精卵保护在体内，让其在里面发育，免受掠食者侵害。一旦发育成熟，鱼卵孵化，母鲸鲨便释放出300条幼鱼，它们无需援手，就能生存。其中大部分被大型掠食者如蓝鲸、飞鱼等吞吃，只有很少一部分能幸存活下来。要过整整30年，幼鱼才能性成熟。

和平巨鱼

科学家依然并不确切了解这些鲨鱼的迁徙路线。它们数量很少，又很难接近，极不容易监测。人们只知道它们听力奇佳，能察觉地球磁场变化；但是，它们怎么测定方向，在什么地方聚集繁殖，人们不甚了了。人们从来没有捕获到一条幼鲨。

鲸鲨在海面附近生活，不过有时候被监测到它待在 2000 米深的水里。它游得很慢，每小时很少超过 5 公里。它往往形单影只，连睡觉的时候也不停下歇息。

在其经久不断的环球航行中，它寻找着 21 至 30 摄氏度的暖和海水，那里还会生产大量的鱼卵板块、珊瑚虫、环节动物、甲壳动物，也有例如小红蟹等大量的刚孵化的幼体。这时候，数十头鲸鲨会聚集在一起，享用盛宴。当食物短缺的时候，它们就分道扬镳，一头头鲸鲨形单影只，在公海里远途跋涉。

5 月至 7 月间，许多鲸鲨向伯利兹海岸迁徙，猎获鱼类在望月产下的卵块。而在 5 月至 9 月间，也会在墨西哥的尤卡坦半岛西北部集结，猎取在这片水域大量繁衍的浮游生物，举行豪华宴会。

每年鲸鲨在加利福尼亚海岸聚集的时候，科学家通过卫星紧盯并追踪了几头鲸鲨，发现了在 2100 公里至 4900 公里之间极其不规律的迁徙行程。总而言之，这种和平巨鱼的迁徙至今还是个谜。

蚂蚁

学名：*Formicidae*

蚂蚁是一种攻击性极强的昆虫。
一生总是在不断地活动，从不构筑蚁巢。

　　蚂蚁是聋子，实际上也是瞎子。对于蚂蚁来说，世界是由气味和触觉构成的。它们凭借细腻至极的嗅觉，在生态系统内把握方向，寻找食物，察觉敌人。

　　蚂蚁是兵蚁，或者叫作军团蚁，是地球上最骇人听闻的一种迁徙的主角。它们组建了一支庞大的部队，胃口极大，它们每天必须捕获 3 万个猎物，才能养活组成蚁群的 70 万只成年蚁和 20 万只幼虫。经常不断的活动是致命的，会被禽鸟追踪，它们会捕猎企图从屠杀中逃命的昆虫。

　　每个蚁群都拥有一个蚁王。它是一只体型硕大的雌蚁，没有翅膀，每月产下三四百万枚蚁卵，可享寿 15 年。其他雌蚁是侦察兵、士兵和搬运工，她们搬运蚁宝宝们和食物。她们几乎都是蚁王的姐妹和女儿。

　　蚁群不会在同一个地方待超过三个星期。它们从各个营房出来，从各个方向把邻近的森林夷为平地；随后，开始两三个星期的跋涉，直到另一块领地。

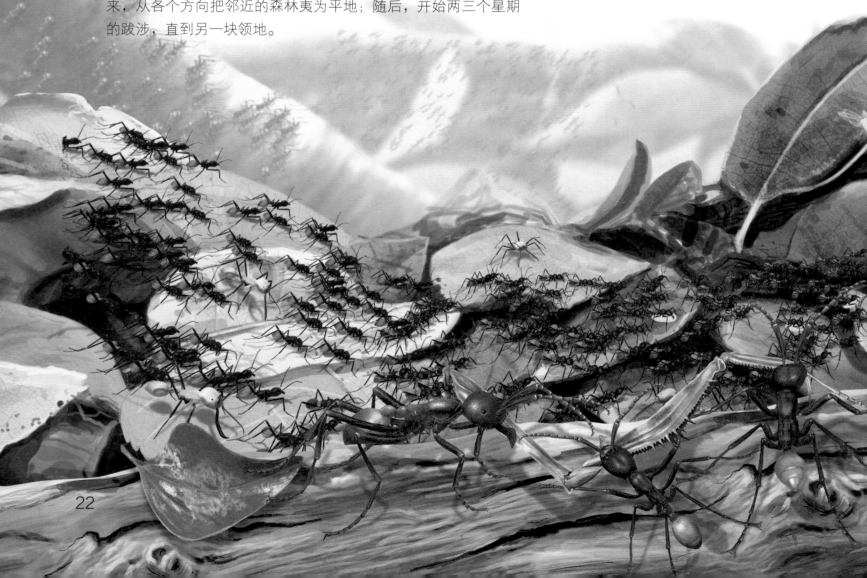

致命的侵略

蚂蚁杀戮一切与其狭路相逢的敌人。它甚至还袭击令人生畏的马蜂窝，劫持幼蜂。面对这一大群几分钟就爬将上来的微型杀手，幼蜂不堪一击，毫无还手之力。蚂蚁每天行进 100 来公里，这相当于人类的马拉松长跑。它们组建成一列列宽 15 米、长约数百米、结构极其整齐的纵队。兵蚁分布在队列两侧，而工蚁则在内部穿行，受到保护。蚁群行进的时候，仿佛伸展在丛林地上的一个红色斑块，横扫一切所遇之物。蚂蚁将猎物团团围住，从各个方向攻击，令之无法逃逸。它们的牙齿又长又尖，犹如剪刀一般绞物，杀死猎物。只有稍大而身手敏捷的动物才能逃之夭夭，而较小且行动迟钝的动物，就只能束手就擒了。

找到一个合适的地方后，一些工蚁就用自己的躯体，彼此用脚爪紧紧抓住，搭建一个窝巢。它们拼全力建巢，每只工蚁可以经受 100 只蚂蚁的重量。这就好比一个人忍受一辆战车的重荷。它们还用这一技能来搭建桥梁，克服在迁徙中遇到的无以计数的障碍。

窝巢是一种活动的建筑，可以搭在地上，也可以挂在树上。兵蚁在巢外巡逻，蚁王和幼蚁在里面歇息，受到成千上万只工蚁的照料和喂养。

黑脉金斑蝶

学名：*Danaus plexippus*

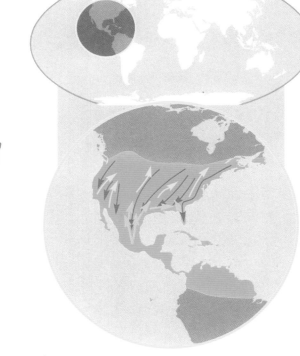

一种迁徙性蝴蝶，色彩鲜艳，体型可观，
成群结队，由数百万只组成，飞舞苍穹。

原产中美洲及北美洲。
近年已扎根于新西兰、澳大利亚
及大西洋和太平洋许多岛屿。

⟶ 秋季迁移
⟶ 春季迁移
⟶ 夏季迁移

黑脉金斑蝶跟所有的昆虫一样，有六条腿，停立时只用四条后腿。和所有的蝴蝶一样，黑脉金斑蝶视力极差，嗅觉却奇佳。

雌蝶准备交尾的时候，会释放出一种特殊的香味，雄蝶能在数公里之遥闻到，受到吸引并飞到雌蝶跟前。它们交尾整整一个晚上，之后，这只雌蝶便在一种叫作"萝藦"的灌木树叶背面产下三四百枚卵。过了 4 天，从每枚卵中爬出一条色彩十分鲜艳的毛虫。一经诞生，它就会把卵壳吞下肚去，随即开始不停不歇地吃起萝藦来，如此这般，整整一个星期。这种植物具有一种毒素，毛虫将其积攒在自己体内。这样，它就变成有毒的昆虫，而专吃昆虫的动物就不会吃它了。

蝴蝶要经受一次变形，彻底改变体态。毛虫紧紧停附在一根枝茎或者一片叶子上，围着一件绿色铠甲，变成了一个蝶蛹。在这个阶段，它不进食，依靠在毛虫阶段积累的脂肪维持生命。

又过了两个星期，蝶茧破裂，出来一只蜕变成功的蝴蝶。这是一个十分关键的时刻。很多蝴蝶如果没能完全张开翅膀，它们将永远也飞不起来，惨遭掠食者捕获，丢掉性命。

彩云朵朵

黑脉金斑蝶是现今仅剩的少数迁徙蝴蝶之一。每年要进行长达数千公里的豪壮跋涉。它们有好几条迁徙路线。最重要的路线是从其繁殖地加拿大和大湖区出发，到美国南部和墨西哥等温暖地区，在那儿过冬。

在进行长途飞行的时候，它们利用上升的热气流，飞至1000多米的高度。它们的方向感是无懈可击的。它们每天要跋涉80余公里；如果风让它

们的旅途偏离，它们就停留下来，等到风平云静。

1985年，弗雷德和诺拉·厄克特在6000名志愿者的协助下，在成千上万只黑脉金斑蝶上粘贴了小小的辨识标签，追踪黑脉金斑蝶的行程，发现了黑脉金斑蝶的迁徙路线。他们发现，无论行程的距离还是参与个体的数量，这都是地球上最大的昆虫迁徙。

圣诞岛红蟹

学名：*Gecarcoidea natalis*

仅栖息于澳大利亚东北
印度洋上的圣诞岛。

一种深红色的陆地甲壳动物。
眼睛凸出，两只蟹钳一样大小。

同所有的甲壳动物一样，陆地蟹用鳃呼吸，如今仍然生存的种类很少。它们需要呼吸水或者湿度达 70% 以上的潮湿空气，才不致窒息。

在圣诞岛，栖息着 1 亿 2 千万只红蟹。它们几乎整天在热带丛林地面上爬动，寻找食物。它们吃水果、叶子、腐烂的植物，也吃小型哺乳动物、禽鸟以及别的螃蟹的尸体。

白天最炎热的时刻，它们不太活动，以免脱水。晚上，它们就躲进它们在丛林地面挖好的一个个洞穴歇息。

雨季，10 月份和 11 月份之交，它们启程进行 8 公里之遥的跋涉，到达大海，在那儿交配。这是世界上甲壳动物最漫长的旅行。红蟹每年重复同样的路线。完整的迁徙历时约 18 天。它们游动激起的浪涛十分醒目，所到之处，密布一片鲜红。热带酷热，又因为它们必须穿越人类居住的地方，那里到处是诸如公路、墙壁以及其他建筑物之类的障碍，它们需付出艰辛的努力。

红色朝圣之旅

启程跋涉的确切时刻取决于月相。满月时，雄蟹先行。每天行走约 12 个小时，一个星期便可抵达海滩。行进的时候，它们避开阳光直射，以免晒死。到了海岸，它们立即进入海洋，滋润身体，获取精力。接着，便返回海滩，挖掘洞穴，进去等候雌蟹。红蟹众多，空间很小，它们之间为抢夺靠近大海的好地方的争斗十分惨烈。

每只雌蟹拥有 10 万枚卵，因此，它们的跋涉比雄蟹要缓慢、艰难。第一批抵达的雌蟹进入方位较好的洞穴。

亲密交配了 3 天之后，雌蟹即被雄蟹遗弃，雄蟹启程回归。

雌蟹留在洞内，带着受精卵待上 10 天或 12 天，到新月为止。如果赶上黎明时分来了海浪高潮，雌蟹便爬上岩石，在海里产卵，以便跟随雄蟹走上回归之路。

蟹卵一接触到水，即刻孵化，幼蟹投入大海。在海上生活的这几天，幼蟹要度过外表奇特的好几个转化阶段。最后，获得了成年的模样，不过，很微小，只有 5 毫米。一个月之后，它们回到岛屿，进入陆地，开始一个新的循环。

档案卡

04
旅鼠
Lemmus sp.

奇闻异事

　　1958 年，有一部电影，拍摄了旅鼠从悬崖峭壁上跳下来自杀的场面。这种虚假的想象，应归咎于这部影片。

　　几年以后，事实证明，这只是一种蒙太奇（即剪辑）手法。旅鼠并没有自杀，为了取得拍摄效果，它们是给扔下来的。

长度	重量	寿命	食物	灭绝 ┃ 受到威胁 ┃ 濒危
10-15 厘米	30-110 克	2 年	食草	EX EW CR EN VU CD NT LC

06
美洲野牛
Bison bison

奇闻异事

　　广袤草原的土著人把它们当作神圣的动物，只猎杀最衰弱的几头。它们的一切都能派上用场：肉、内脏、跟腱、皮和角，甚至它们干燥的粪便还可作为燃料。

高度	重量	寿命	食物	灭绝 ┃ 受到威胁 ┃ 濒危
180 厘米	400-1300 公斤	16 年	食草	EX EW CR EN VU CD NT LC

08
蓝角马
Connochaetes taurinus

奇闻异事

　　土著人捕猎角马，制作肉条，抹上盐、胡椒和香菜。用它们的尾巴，制作赶蝇绳。

　　游客观赏它们的大迁移，每年要付给坦桑尼亚 5.5 亿美元。

高度	重量	寿命	食物	灭绝 ┃ 受到威胁 ┃ 濒危
130-150 厘米	120-270 公斤	20 年	食草	EX EW CR EN VU CD NT LC

10

北极燕鸥
Sterna paradisea

奇闻异事

　　北极燕鸥的迁移是著名的最大的常规迁移。有文献记载，这种禽鸟仅仅在一年之内即可跋涉 8 万公里。

　　在北极和南极圈内，太阳在夏季是不落的。我们可以说，这是生活在光亮时刻里时间最长的生灵。

翼展	重量	寿命	食物	灭绝 ‖ 受到威胁 ‖ 濒危
76-85 厘米	92-135 克	20 年	食肉	EX EW CR EN VU CD NT **LC**

12

燕子
Hirundo rustica

奇闻异事

　　迁移之前，这种禽鸟在皮下和肝部积攒不饱和脂肪。

　　掠食者和猎捕者喜欢在这个时候捕捉它们，此时，它们的味道最为鲜美。

翼展	重量	寿命	食物	灭绝 ‖ 受到威胁 ‖ 濒危
32-35 厘米	16-22 克	16 年	昆虫	EX EW CR EN VU CD NT **LC**

14

蠵龟
Caretta caretta

奇闻异事

　　它们的性别取决于窝巢的温度：28 摄氏度时，孵化的幼龟为雄性；30 摄氏度时，孵化的幼龟则为雌性；这两种温度之间，有的成为雄性，有的成为雌性。

　　不像人们常常在动画片里看到的那样，它们不会从壳里出来，龟壳本身就是骨骼形成的。

长度	重量	寿命	食物	灭绝 ‖ 受到威胁 ‖ 濒危
90-200 厘米	130-300 公斤	60 年	杂食	EX EW CR EN VU CD NT LC

16
南非沙丁鱼
Sardinops sagax ocellatus

奇闻异事

　　南非沙丁鱼数量巨大，因为它们生活在世界上营养最丰富的海洋里。

　　那儿有成千上万吨微型水藻，那是肉眼轻易看不到的成千万上亿个小动物的食物，而这些小动物形成的浮游生物，又是沙丁鱼的食物。

长度	重量	寿命	食物	灭绝｜受到威胁｜濒危
22 厘米	120 克	4 年	微生物	EX EW CR EN VU CD NT LC

18
大西洋鲑鱼
Salmo salar

奇闻异事

　　雌鱼特别多产: 能产卵2300枚，重可以公斤计。

　　现存完全野生的鲑鱼已经为数不多了（仅5%）。大多数出自养鱼场或再次放归自然生态环境的。

长度	重量	寿命	食物	灭绝｜受到威胁｜濒危
70-150 厘米	5-45 公斤	4-6 年	食肉	EX EW CR EN VU CD NT LC

20
鲸鲨
Rhincodon typus

奇闻异事

　　鲸鲨是一种非常平和的鱼类。它们很喜欢潜水员，潜水员一来，它们就靠近过去，跟他们一起玩。

　　它们背上的皮肤，会让人想起桌子上的棋盘。所以，这种鱼也称为"棋子鱼"、"棋盘鱼"、"多米诺骨牌鱼"。

长度	重量	寿命	食物	灭绝｜受到威胁｜濒危
12 米	20 吨	90 年	浮游生物	EX EW CR EN VU CD NT LC

22

蚂蚁

Formicidae

奇闻异事

也叫作"战蚁"。

两只蚂蚁相遇，会摩擦触角，通过化学物质释放气味，彼此交流。那都是有具体意思的。

长度	重量	寿命	食物	灭绝 ‖ 受到威胁 ‖ 濒危
0.7-1.5 厘米	3-7 毫克	1-3 年	食肉	EX EW CR EN VU CD NT **LC**

24

黑脉金斑蝶

Danaus plexippus

奇闻异事

古阿兹特克人（墨西哥印第安人）认为，黑脉金斑蝶是阵亡战士的化身。

黑脉金斑蝶到达墨西哥的时日，巧逢亡灵节。坊间认为，此日亡灵归家。

长度	重量	寿命	食物	灭绝 ‖ 受到威胁 ‖ 濒危
9-12 厘米	0.25-0.75 克	9 个月	食草	EX EW CR EN VU CD NT **LC**

26

圣诞岛红蟹

Gecarcoidea natalis

奇闻异事

政府当局为它们在公路下面建造了过道和地道，以免遭车辆碾轧。

在黄蚁来到圣诞岛之前，红蟹没有天敌。这种蚂蚁会朝红蟹眼睛喷吐酸汁袭击，然后吞噬下去。

直径	重量	寿命	食物	灭绝 ‖ 受到威胁 ‖ 濒危
15 厘米	415-570 克	12 年	食用残屑	EX EW CR EN VU CD NT **LC**

图书在版编目（CIP）数据

神奇动物 ：全6册 . 迁徙行家 ／（西）舒利奥·古铁
雷斯著 ；（西）尼古拉斯·费尔南德斯绘 ；林雪译 . ——
北京 ：中国友谊出版公司 ，2020.12
ISBN 978-7-5057-5016-6

Ⅰ . ①神… Ⅱ . ①舒… ②尼… ③林… Ⅲ . ①动物－
儿童读物 Ⅳ . ① Q95-49

中国版本图书馆 CIP 数据核字 (2020) 第 202393 号

著作权合同登记号 图字：01-2020-6956

Animales Extraordinarios Series: Viajeros
Text Copyright 2019 by Xulio Gutiérrez
Illustration Copyright 2019 by Nicolás Fernández
First published in Spain by Kalandraka Editora
Translation copyright 2021, by Beijing Creative Art Times International Culture Communi-
cation Company
This series is published in simplified Chinese as a set of 6 titles, arranged through CA-LINK
International LLC

书名	神奇动物：迁徙行家
作者	[西班牙] 舒利奥·古铁雷斯
绘者	[西班牙] 尼古拉斯·费尔南德斯
译者	林雪
出版	中国友谊出版公司
发行	中国友谊出版公司
经销	新华书店
印刷	北京中科印刷有限公司
规格	710×1000毫米　8开
	4印张　43千字
版次	2021年4月第1版
印次	2021年4月第1次印刷
书号	ISBN 978-7-5057-5016-6
定价	198.00元（全6册）
地址	北京市朝阳区西坝河南里17号楼
邮编	100028
电话	(010) 64678009

版权所有，翻版必究
如发现印装质量问题，可联系调换
电话　(010) 59799930-601

神奇动物

神奇眼睛

OJOS

[西班牙] 舒利奥·古铁雷斯　著　[西班牙] 尼古拉斯·费尔南德斯　绘　林雪　译

中国友谊出版公司

生命之树

脊椎动物

棘皮动物

节足动物

软体动物

环节动物

刺胞亚门动物

多孔动物

鐉®

出品人：许　永
责任编辑：许宗华
特邀编辑：何青泓
责任校对：雷存卿
封面设计：海　云
内文排版：万　雪
印制总监：蒋　波
发行总监：田峰峥

实 例

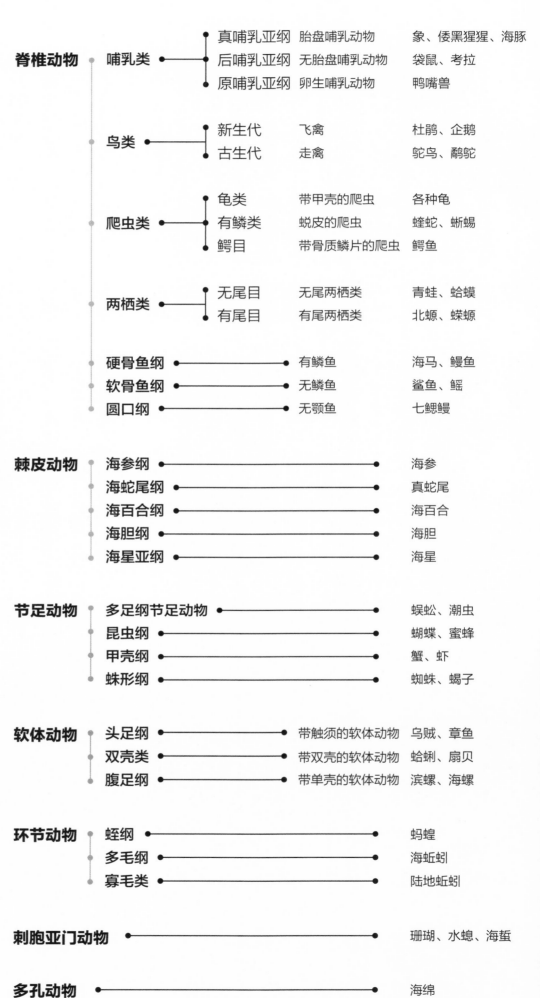

脊椎动物	哺乳类	真哺乳亚纲	胎盘哺乳动物	象、倭黑猩猩、海豚
		后哺乳亚纲	无胎盘哺乳动物	袋鼠、考拉
		原哺乳亚纲	卵生哺乳动物	鸭嘴兽
	鸟类	新生代	飞禽	杜鹃、企鹅
		古生代	走禽	鸵鸟、鹬鸵
	爬虫类	龟类	带甲壳的爬虫	各种龟
		有鳞类	蜕皮的爬虫	蟒蛇、蜥蜴
		鳄目	带骨质鳞片的爬虫	鳄鱼
	两栖类	无尾目	无尾两栖类	青蛙、蛤蟆
		有尾目	有尾两栖类	北螈、蝾螈
	硬骨鱼纲		有鳞鱼	海马、鳗鱼
	软骨鱼纲		无鳞鱼	鲨鱼、鳐
	圆口纲		无颚鱼	七鳃鳗

棘皮动物	海参纲	海参
	海蛇尾纲	真蛇尾
	海百合纲	海百合
	海胆纲	海胆
	海星亚纲	海星

节足动物	多足纲节足动物	蜈蚣、潮虫
	昆虫纲	蝴蝶、蜜蜂
	甲壳纲	蟹、虾
	蛛形纲	蜘蛛、蝎子

软体动物	头足纲	带触须的软体动物	乌贼、章鱼
	双壳类	带双壳的软体动物	蛤蜊、扇贝
	腹足纲	带单壳的软体动物	滨螺、海螺

环节动物	蛭纲	蚂蟥
	多毛纲	海蚯蚓
	寡毛类	陆地蚯蚓

| 刺胞亚门动物 | 珊瑚、水螅、海蜇 |

| 多孔动物 | 海绵 |

神奇动物

我们人类的视力是动物王国最完美的视力之一：我们能看到几乎所有的颜色，准确观察活动，拥有立体感的视力，能看到三维的世界，确切估算距离的远近。

大多数动物观看的方式与人类大不相同。有些动物能辨认我们分辨不清的颜色。举例来说，蜜蜂在花朵色彩鲜艳的图景里，能辨认出深紫色，而我们却觉得是白色。有些动物看得更清楚，它们的视野更广，它们夜间的视力十分敏锐，能在我们什么也看不见的情况下捕猎。眼镜猴（学名：*Tarsius sp.*）就是这一类动物，一种亚洲东南部热带雨林里，生活在树上的小型灵长目动物（见本书封面）。

> 世界上的颜色，
> 取决于观看颜色的眼睛。

数百万年的进化演变，推动出现了适应一切生态系统的眼睛：有的能察看环境，有的能认清危险，捕获猎物……归根结底，是要生存下去。

我们将在本书中发现这些动物是怎么观看世界的，并把它们的视力与人类的视力进行比较。

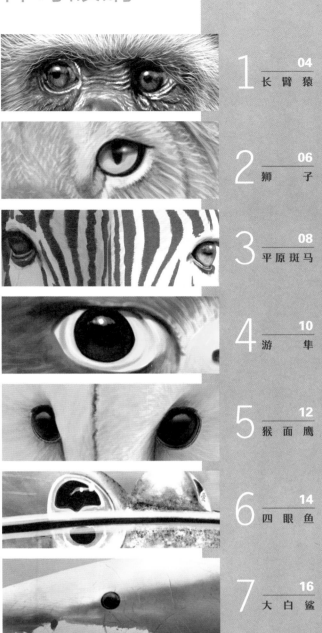

长臂猿

学名：*Hylobates sp.*

小型人科灵长目动物。
世界上有 15 种长臂猿，它们胳膊很长，
没有尾巴。

栖息在东南亚茂密的热带
及亚热带雨林中。

　　长臂猿过族群生活。每个族群由几对夫妇及其幼崽组成。它们最喜爱的食物是无花果。补充它们食谱的，还有水果、叶子、花朵、昆虫和别的无脊椎小动物。

　　长臂猿几乎一生都悬挂在树木高高的枝丫上，很少下来。它摇晃身子，从一根树枝到另一根树枝，奔跳腾跃，灵巧得令人难以置信。它很少在地上行走，走起路来，两臂交叉，高高举过脑袋，以此保持平衡。这是走路模样酷似人类的一种猿猴类动物。

　　长臂猿族群很爱吵嚷：又吼又叫，全体上阵，同时进行，歌声十分难解。在族群里，它们感到安全；但是，大家又会一起吓唬它们领地内的其他猿猴。

　　长臂猿常常眨眼。它能自由活动眼睛：两眼朝里转动，能看清附近的东西；两眼朝外转动，能看清远处的东西。另外，它能变更焦距，比人要快得多：顷刻之间，它能把目光从紧盯着它正在吃的水果那里，转移到正向它俯冲的老鹰身上。这种本领能救它的命。

精准的杂技

　　大多数哺乳动物分不清颜色，但是长臂猿跟人一样，能看得到。所以，它能在热带雨林的一片绿荫里辨认成熟的果实（红色的、紫色的或者黄色的）。

　　长臂猿具有非凡的三维视力：每只眼睛会产生一个略有不同的形象。两个形象置放在脑子里，构成一幅深刻的图景。它远远超过人类能感知距离的

远近。它能在丛林的枝丫及藤本植物之间跳跃，不会磕磕绊绊，也不会跌落地上。

　　要获得如此优异的双目并用的视力，它的脸必须扁平，两眼一定要安排在朝前看的位置。它的视力范围很小：只能看到它前面以及两旁的东西，就好像人用潜水眼镜看东西一样。

狮子

学名：*Panthera leo*

大型猫科动物，全身肌肉达，
牙齿锋利。
四颗巨大的獠牙特别显著。

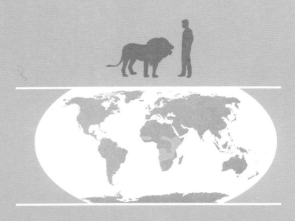

如今，几乎所有的狮子
都栖息在非洲南撒哈拉，
不过，还有一小部分生活在印度。

　　狮子是非洲大草原最强大、最著名的掠食者。它们在族群中生活，每个族群在一两头体格伟岸的雄狮统领下，由一群母狮带着幼狮组成。没有本事统领狮群的雄狮会远离母狮，单独生活，或者分成小小的群体。

　　白天大部分时间里，狮子都躺在树荫下睡觉。它们尽可能地减少活动，以便更好抵御草原酷热的气候。到了晚上，它们开始活动，寻找水源和食物。狮子惯常的猎物是在非洲辽阔平原上吃草的大型食草动物。在猎取如此大型、速度如此快捷的动物时，母狮会形成组织严密的团队。而要猎获例如象和斑马等更大型的动物，母狮还需要雄狮的配合。一头雄狮重达250公斤，能倒挂在猎物脖子上，将其扳倒，让母狮撕咬成片片块块。

夜间猎手

　　凭借出色的视力，狮子夜间的袭击比白天更有效。尽管只有点点繁星照明，它也能在数百米之遥锁定猎物。

　　它灵敏的听觉和敏锐的嗅觉也大大有助于它在夜间捕猎。

　　狮子的眼睛在晚上能感受到最微弱的光亮，眼睛所见远远超过其他动物。这是因为，它视网膜后面，有一层类似自行车反射镜的薄膜。这层薄膜，叫作"反光膜"。晚上被一辆汽车的灯光照射时，狮子的眼睛能发出蓝绿色的亮光。其他猫科动物如猫，也一样。在这样的情况下，它们会盲目，可能会被轧死。

狮子夜间的视力　　　　　　　　　　　　　　**人类夜间的视力**

平原斑马

学名：*Equus quagga*

马科（如马、驴等）动物。

三种斑马中，这是数量最多的一种。

栖息在东非和南非
广袤的平原地带。

平原斑马是一种速度极快的动物。它腿很长，身体壮实。在开阔的原野，它疾驰的速度每小时可达 60 公里，比它的掠食者快得多；如果把它关进畜栏，它又会狠狠撕咬，用后腿拼命尥蹶子，进行自卫。在一个这么开阔、充满危险的地方生存，它幼小的时候就必须快捷。诞生后 20 分钟，斑马驹面对一条鬣狗，就能足足奔跑一个小时，救自己的命。

它是一种群居性哺乳动物。成千上万只斑马组成一个个庞大族群，又分建为一个个家庭群体。这种群体由一头种马、几头母马和一些马驹组成。

斑马根据它们身体上的条纹辨认彼此。每头斑马的条纹图都是独一无二的，就好像人类的指纹一样。而且，条纹对它们来说十分有用，可以保护它们免受掠食者的侵犯。当它们一起奔跑的时候，一大堆活动的、黑白相间的条纹，会扰乱大型猫科动物的视线，制造麻烦，锁定不好也抓捕不了哪一个猎物。

斑马皮上的条纹还会反光，能驱赶苍蝇和牛虻。这些讨厌的昆虫喜欢颜色单一的动物。因此，斑马就避免了许多昆虫传播的疾病，例如采蝇传播的嗜睡症。

全景视觉

平原斑马的全景视觉十分开阔。它的一对眼睛向脸两侧分得很开。这样，它就能掌控在草原上窥视它的众多食肉动物的确切位置。不过，由于嘴鼻的阻挡，它看不到恰好在它面前的东西。所以，为了不致绊倒，它行走时总是低下脑袋，瞧着地面。

同一族群的斑马轮流警戒：一些斑马在吃草时，总有一些斑马在察看草原。它们常常一对对地待在一起，一头斑马把脑袋靠在它伴侣的背上。它们各自朝相反的方向观看，这样能涵盖 360 度视角。而

且，这样的位置不仅安全，还很舒适。每头斑马会用尾巴驱赶折磨它伴侣的昆虫。

大多数食草哺乳动物白天视力很好，像斑马一样，但是分不太清颜色。

它们夜间的视力远比人类强，不过比起它们经常撞见的掠食者例如狮子和鬣狗来，就不占上风了。弥补这一劣势的，是它们灵敏的听觉和出色的嗅觉。一旦听到或闻到一点危险迹象，它们立马拔腿飞奔，逃之夭夭。

游隼

学名：*Falco peregrinus*

一种跟乌鸦一般大小的中型猛禽。
它喉部毛白，眼下有黑色斑纹，
很容易与其他猛禽区别。

是一个全球性的物种：
除了南北极地区，
大丛林和沙漠，
栖息在全世界各洲。
除此之外，新西兰也没有它的踪迹。

游隼的视力　　　　　　　　**人类的视力**

举世无双的锐利

游隼远距离视力的锐利度是人类的 4 倍。

它的视网膜有 100 万个感觉细胞，而我们只有 20 万个。

但是，它近距离的视力却很差：对于它来说，本书上面的字就仿佛一个个黑色的斑点。游隼的眼睛不像我们的眼睛那样是球形的，其模样犹如梨子一般，因此，它的视网膜中心会产生一种 2.5 倍大的形象。这就好比它有了一面放大镜似的。游隼像大多数禽鸟一样，有四种颜色接收器。人类只有三种。第四种接收器能让它看到紫外光，这样它就能感受到有些动物羽毛上的颜色；而我们是看不到的。

游隼是一种日间活动的禽鸟。它喜欢在飞行中捕猎鸟类；不过，它有时也在地面抓捕小型哺乳动物、爬虫和昆虫。

许多游隼在大城市里栖息，那里有很多鸽子，那是它们最喜爱的猎物。它们配对成双地生活，在一起度过漫长的岁月。雌隼比雄隼大得多，夫妻俩轮流捕猎，照料幼雏。它们利用最为高耸的楼房的屋檐筑巢建窝。

游隼搜捕猎物，需飞至高空。一发现目标，它就展开双翼，轻轻拍打翅膀，朝下飞翔，一个轻而易举就可达每小时 300 公里的俯冲，便扑将过去。在关键性的那一刻，它用一只利爪击打它的猎物，以免因暴力袭击而使自己受到伤害。紧接着，乘猎物垂地之前，它紧紧叼起，带到一个僻静去处，啄成碎块，吞咽下肚。

在俯冲猎捕的时候，游隼的眼睛因空气的摩擦，要经受住一种应激反应。它有一层薄膜覆盖的角膜来保护眼睛。这就好比一名跳伞员拥有一副眼镜一样。

猴面鹰

学名：*Tyto alba*

中型猛禽。

脸部呈白色，状似心脏；
躯干密布羽毛，两腿细长。

猴面鹰是一种定居禽鸟。它通常会在一座被遗弃的房屋，一座钟楼，或者一棵高高的树上寻找一个洞。它在洞里建巢搭窝，白天就在里面栖息。每当夜幕降临和曙光初现时分，它就飞往山谷、耕地等开阔地带狩猎。

农民对猴面鹰的评价很高，因为它捕猎诸如老鼠、鼩鼱和鼹鼠等破坏农场的动物。一只成年猴面鹰一天可以吃掉三四只这类动物。

猴面鹰仅仅靠它极其敏锐的听觉，就能在完全黑暗的境况下捕猎。它用构成它脸部的两个羽毛圆盘，把声波引向耳朵，朝向恰好是它眼睛后面的耳朵。

它在扑向猎物、用爪子抓住猎物之前，就从空中算好了猎物的距离和位置。它徐徐飞行，悄无声息，它的猎物根本听不到它靠近的动静。它两翼的羽毛十分柔软，布满一根根小钩似的细小绒毛，得以避免空气震荡，发出声响。

猴面鹰具备保护眼睛的三层眼睑。上眼睑用来眨眼，下眼睑睡眠时用来闭眼，第三层眼睑对穿角膜，用来清洗眼睛的表面。

暗中窥视

猴面鹰的眼睛很大，不过不像我们那样是球型的，而是像一根骨质圆柱里面的长管子。这种猫头鹰如果不动脑袋，就动不了眼睛。它的视角比人类小。它在降落搜寻猎物的时候，要保持身体不动，向两旁转动脑袋，直至 270 度。它的脖子有 14 根椎骨，非常灵活。

猴面鹰白天视力很好，它视网膜的触觉细胞对光线和活动的反应十分灵敏。即便光线非常强烈，它也比我们看得更清楚；不过，它实际上感受不到色彩。

没有哪个动物能在绝对黑暗中看清东西，但猫头鹰可以。它的眼睛极其敏锐，仅需一点微弱的亮光，便能探测到企图躲藏在黑暗之中的一只耗子。耗子唯一的自卫办法，就是纹丝不动，不让猫头鹰看到。

为了让视力适应亮光的种种状况，猫头鹰的瞳孔一开一闭，幅度很大。因此，它像猫一样，有几分钟是盲目的。夜间，它会瞳孔放大，车辆的灯光会让它睁不开眼睛。

四眼鱼

学名：*Anableps anableps*

小型淡水鱼。
眼睛凸出，体型呈圆柱形，
鱼鳍有刺状硬骨。

栖息于中美洲
自圭亚那、委内瑞拉、特立尼达岛，
至巴西亚马孙河各河流的河口湾。

四眼鱼的视力

人类的视力

14

穿梭于两个世界

这种鱼其实只有两只眼睛，并不像它名称所标示的那样有四只眼。不过，它的眼睛很特别：每只眼睛有两个瞳孔，每只眼睛可以同时从水下和水外观看。

上面的瞳孔可以聚焦水面上的东西，甚至距离极远的东西，比如在它上空盘旋、企图捕获它的禽鸟。下面的瞳孔用来观察水下的动静。它水下的视野极差，不过，用来发现水中的掠食者，猎捕河流里的小动物倒也足够了。

它眼睛内部也分两部分。上部分的视网膜对于绿色光线更为敏感，这样，它能清晰地识别森林里觊觎它的掠食者。而下部分则对黄色光线更为敏感，能辨认黄褐色泥水里滋生的生物。

四眼鱼过着群体生活，每个群体约数十尾不等，靠近水面游弋，有时候也会跃身跳出水外。只有少数鱼类既能在淡水里生活，又可在

有盐分的水中栖身，四眼鱼就是其中之一。所以，它能在红树林滩涂地和河口存活。

正如所有的鱼类一样，四眼鱼用鳃呼吸；不过，它更能抵御干旱。而且，如有必要，它能从一个泥塘爬到另一个泥塘。

它经常会趴在一块岩石上晒太阳歇息；当然，也会时不时地活动活动，免得脱水。

四眼鱼有许多空中或水下窥视它的敌人。它一看到涉禽或者翠鸟逼近，便迅速潜入水下，逃避袭击。假如掠食者是另外一种鱼，它便跃身跳出，在水面滑动，爬上河边的岩石。

大白鲨

学名：*Carcharodon carcharias*

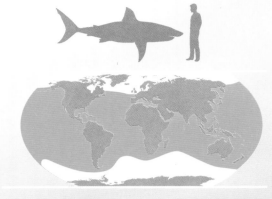

食肉鲨中最大的鲨鱼，
现存最大的一种鱼类。
有一具肌肉发达的身躯，一张血盆大口，
锯齿般的巨大獠牙。

　　它号称大白鲨，但是，它只有腹部才显示这种颜色。其背部呈灰蓝色，上面尤为突出的是，有一个不容忽视的三角形鱼鳍。

　　它是一名孤独的猎手；不过，远行的时候，要与别的鲨鱼结伴而行。游行时，它张大嘴巴，为的是从水中吸取它必需的氧气。水从其嘴巴进入，流经鱼鳃，从身体两侧裂隙排出。

　　大白鲨半张半合的嘴巴里，露出它最为致命的武器来：列成好几排的150颗牙齿，颗颗又长又尖，仿佛一把把匕首的利刃。

　　大白鲨贪婪异常。不管遇到什么，从鲸鱼的尸体到海狮，它都能吞食。捕猎的时候，它会围着猎物环游，进行观察。随后，潜入水中，从海底窥测，合适的时机一到，它便发起袭击，朝猎物冲去，其撞击速度之猛，可以冲出水面2米之高，嘴里还叼着它的猎物。

　　大白鲨是卵生动物。雌鲨产下4至8枚鱼卵，护进腹内，直至幼鱼长到1米，能独立生存。这时候，它们才算诞生。它们会立即远离母体，以免被自己的母亲吞噬。

令人不安的眼神

大白鲨的眼睛很小，圆圆的，完全是黑色的。眼睛内部虽然与人类眼睛相似，但其视力是十分不同的。它能看到约 20 米远的东西，但几乎感受不到什么颜色。

大白鲨从水下看鱼，尽管海面上有阳光的反射，也远比我们能更好地辨清鱼的侧影。这极其有利于它正确无误地发起袭击。它的瞳孔很大，眼睛能吸收大量光线，因此，能在浑水里看得很清楚。

海洋浩淼，大白鲨要捕获猎物，除了视力，还需利用别的感觉器官：它特殊的嗅觉和它嘴唇顶端的一些神经末梢。这些末梢神经能吸收水的轻微波动以及动物游动时产生的电场。

一旦锁定猎物，大白鲨便由视力引导，把眼睛挪向后面，使之受眼皮保护，奋身投入袭击。

史氏指虾蛄

学名：*Gonodactylus smithii*

海虾及螯虾科中的一种甲壳动物。
色彩极其鲜艳，
眼睛巨大，可不断朝各个方向活动。

栖息在新喀里多尼亚
与澳大利亚大珊瑚礁，以及
西印度洋的珊瑚礁之间。

　　史氏指虾蛄躲藏在海底水藻和小石头之间生活。它用色彩鲜艳的甲壳来伪装：模仿热带阳光照耀在水藻和珊瑚上的光斑，惟妙惟肖。

　　它模样十分羸弱，却很有攻击性，而且贪婪好吃。它常袭击比它大得多的动物。它有一对尖利、酷似螳螂指甲一般的钳子（恰如其名），以捕猎鱼、海虾、软体动物和毛虫为生。

　　歇息的时候，史氏指虾蛄把两只螯足收在身体下面。攻击的时候，它将其中一只以犹如手枪子弹一般的速度往前弹射出去。这种可怕的攻击也可以向其猎物发出两下。

　　史氏指虾蛄外形好看，容易存活，海洋水族爱好者常常饲养把玩。饲养人在玩赏时，必须十分小心谨慎，这是一种危险的动物，它螯足一击，可能会夹裂人的手指，或者捅破鱼缸8毫米厚的玻璃。

十全十美的眼睛

　　史氏指虾蛄神奇的眼睛，为它提供了动物王国最佳、最复杂的视力。科学家运用电子计算机进行的种种实验和数码模拟，正在研究它这种能力非凡的眼睛；但是，至今未能发现它视力的所有秘密。

　　史氏指虾蛄的眼睛有三个瞳孔，所以，它能从三个角度同时看东西。这使它可以非常确切地感受到深度。就算只有一只眼睛，史氏指虾蛄也比有两只眼睛的人更能精确地估算出距离的远近。

　　史氏指虾蛄的每一只眼睛，是由1万只单眼组成的，每一排单眼具有各自的功能：有些，探测亮光；有些，探测颜色；有些，则探测运动。

　　它的视网膜上有12种颜色接收器，而人类的眼睛只有3种。这让它能清晰地看到透明的猎物，而我们是看不到的。它是少数几种能辨别极光的动物之一。

蜻蜓

学名：*Infraord Anisoptera*

这种昆虫身躯细长苗条。
有四只挺直、透明的大翅膀，
不能在腹部折叠。

　　蜻蜓是杰出的猎手。以捕食诸如苍蝇、蚊子、飞蛾、蝴蝶和
蜜蜂等小型昆虫为生。极少数动物能朝前、朝后、从两侧，甚至
像直升机那样在空中旋转身子，蜻蜓就是其中之一。要进行这些
动作，蜻蜓两侧的翅膀需要彼此各自独立，以不同的速度活动。

　　捕猎的时候，蜻蜓停在空中，让猎物看清它，习惯它的存在；
没等猎物反应过来，它会突然虚晃一枪，然后以每小时超过 85
公里的速度扑向猎物。它用脚爪抓住猎物，随后，用嘴里尖利的
咀嚼工具把猎物撕成碎块。

　　在交尾的时候，蜻蜓会一群群地用自己的躯体搭建成一个心
脏形的图案。之后，一只雌蜻蜓便在水中产下多达 500 枚卵，从
中会生出叫作"水虿"的幼虫。水虿是可怕的掠食者：它们一面
在水生植物之间游动，一面用强大的牙床捕捉蝌蚪、小鱼和昆虫
的幼体。为此，它们像喷气式飞机似的，使劲从肛门喷出一股水
来。几个月以后，水虿成熟了，就从水下出来，爬到一棵植物上。
过了几分钟，壳破裂了，成年蜻蜓就降临世间。

无情的猎手

蜻蜓的复眼很大，仿佛头盔似的，几乎覆盖住它的整个脑袋。这两只复眼，由3万只朝向各个方向的单眼组成。每只单眼可产生一个形象，并传递至大脑，而大脑用这些形象拼成一幅图景。

蜻蜓的视力宽广，可同时朝下、朝上、朝四边观看。它可以把视线盯住一只苍蝇，同时，又警戒着企图捕获它的禽鸟。

蜻蜓能比人类辨认更多的颜色，这是因为它视网膜上有四种色素，而我们只有三种。它的眼睛对紫外光很敏感，所以，能更清楚地感受到蔚蓝苍穹中昆虫的活动。

蜻蜓的视力仅可及12米之遥，但它能探测到飞行中的昆虫的迅速活动。如果用手去捕捉蜻蜓，便可证实此事。

当蜻蜓接近猎物的时候，就利用额上的三只小眼睛来精确估算它遇到的猎物的距离。这些眼睛直接与掌控翅膀肌肉的中枢神经连接。因此，仅一秒钟的时间它就能做出反应；捕捉猎物的时候，也能做出非凡的飞行特技。

跳蛛

学名：*Salticidae*

属蜘蛛科，近 6000 个品种之一。

体型小，行动迅速，能高跳。

除了南极洲和极地冰川，
跳蛛栖息于世界各大洲。

跳蛛是一种日间活动的动物，捕捉小型昆虫；补充它食谱的，还有花蜜。

像所有的蜘蛛一样，它能吐一种坚韧牢固的丝，织成茧，用来躲雨、御寒、过夜。

捕猎的时候，跳蛛会短距离迅速爬行，又时不时地停下来一动不动，以不致被察觉。一旦置于适当距离，它就一个高跳（可达其身体长度的 50 倍高），降落在其意想不到的猎物上。这就好比一个人要跳 90 米的高度！它没有发达的肌肉，不像蚱蜢那样。不过，它有一套令人惊叹的液压系统：它的后腿弯折的时候，会加大压力充血。

血液释放的时候，那液体的力量能给予它必要的推动力，让它起跳。这种蜘蛛能朝前跳跃，也能朝两边或者朝后跳跃，就像国际象棋中的"车"一般。

跳蛛吐丝，不是用来编织蜘蛛网的，而是像攀登者那样，用来当作安全绳的。如果捕猎的时候跳跃失败，掉落下来，它便会沿着蜘蛛丝攀爬上去，到达原来的地方，再试一回。

蜘蛛的视力

像大多数蜘蛛一样，跳蛛有 8 只眼睛。这 8 只眼睛为它提供了 360 度的视野，因此，它无须挪动身子便可以锁定猎物。

跳蛛两只大大的前眼各自独立转动，里面有 4 层光感受器。其视力远比只有一层光感受器的人眼优越。

除了 3 种基本的颜色，跳蛛还能感受紫外光。

这样，昆虫的翅膀，它也能看得更清楚。在我们看来，它们的翅膀是透明的；而在它看来，则是色彩强烈的。

跳蛛在窥视猎物的时候，轻轻活动脑袋，以便在其视网膜中心锁定猎物的形象。它那里的视力敏感度更高。这样，它便能更好地测定距离，更准确地跳至猎物的位置。

大乌贼

学名：*Architeuthis sp.*

迄今为止人类所知的最大的头足动物。
身躯柔软。头上长出两条长臂，
还有八根带有吸盘的触须。

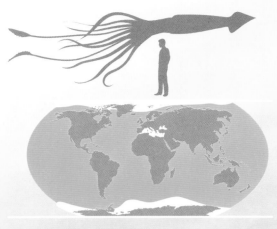

　　大乌贼是地球上最大的无脊椎动物。雌性的体型比雄性更大、更重，长可达 4.5 米，其臂长可达 15 余米。

　　它是一个巨大的、可怕的掠食者，以捕食鱼类、甲壳动物及其他头足动物为生。捕猎时，它向前射出两条长长的、末端是布满吸盘的铲子一样的臂膀，用来捕获猎物。接着用触须紧紧抓住猎物，令其动弹不得，送入嘴巴，用仿佛鹦鹉嘴喙一般，又犹如钢铁硬拳似的尖牙将猎物撕裂成块。

　　它的吸盘与章鱼的吸盘类似，但是要大得多，直径可达 5 厘米。每个吸盘有一圈牙齿，用以紧紧吸附猎物。

　　大乌贼的主要掠食者是抹香鲸，这是唯一能下潜至大乌贼栖息的海底深渊的哺乳动物。抹香鲸能使用回声定位机能监测乌贼，用颌骨捕获乌贼，迅速游上海面，以减轻水压，将其杀死。游上海面期间，它们将展开一场史诗般的斗争：大乌贼会用吸盘和尖牙在抹香鲸身上造成深刻而严重的伤痕。

　　大乌贼是生长最为迅速的动物，每天会长大 5 厘米，因此，在它没有多少年的一生里，会毫无节制地生长，大到不可思议。还有一种巨大的乌贼，名叫大王乌贼，可能比大乌贼还要大；但是，迄今只发现 6 只大王乌贼的残缺遗骸。这种乌贼生活在南极海中，重约 500 公斤，长约 14 米。

24

巨大的眼睛

大乌贼的硕大脑袋上，两只巨大的眼睛极为突出，这是动物王国中最大的眼睛：每只直径可达25厘米，比篮球稍大一些。而且，还跟人眼十分相似：有视网膜、虹膜和瞳孔，但没有角膜。大乌贼的眼睛对光令人难以置信地敏感，因为它的视力早已适应了完全黑暗的深海。

这两只大眼睛并不用来捕猎，只是用来探测它的掠食者抹香鲸的远近。抹香鲸用它强大的尾鳍搅动海水的时候，生活在大海里会发光的微生物，会对海水的动荡做出反应，释放出轻微的光亮。大乌贼感受到了，但是，它的视力只有120多米，只有很短时间做出反应，避开它的袭击者。

散大蜗牛

学名：*Helix aspersa*

一种软体大蜗牛，
栖息在细巧、钙质、卷成螺旋形的壳内。

原产于欧洲和非洲的地中海地区。
2000年前，由罗马人引入英国；
500年前，由西班牙和
葡萄牙殖民者引入南美洲。
如今遍及全球。

散大蜗牛的视力

人类的视力

26

触角上的眼睛

蜗牛细小的眼睛长在头部两根长长的肉触角的顶端，可以时不时地朝各个方向活动。一遇到什么东西，就缩回头内，加以保护。蜗牛的眼睛是单眼，距离超过 50 厘米，只能获取十分模糊的形象。它几乎分辨不清植物和石头的形状。因此，它行动缓慢，每次出行，不会超过一分钟。它有许多天敌，例如禽鸟、哺乳动物和爬虫动物。这些掠食者趁蜗牛在地上爬行，又视力欠佳，便虎视眈眈，企图猎杀。

科学家正在研究蜗牛的眼睛，以便了解具有视力的原始动物的眼睛。为了弥补不佳的视力，蜗牛用它极其敏锐的嗅觉来辨别方向，寻找更为可口的植物。它的触觉也很发达，它脑袋下部那两根触角碰到东西，就可以辨认出来。

这是一种行动缓慢的动物，只敢在晚上或者下雨天出窝。它的脚只是一块肌肉，裹着一层带有浓稠黏液的皮；不过，这倒有利于它在地上爬行而不受伤害，它甚至能在刀刃上爬行而皮肉无损。

蜗牛没有牙床，但是有一种似锉刀一般粗糙的舌头，用来啃噬稚嫩的植物。

蜗牛雌雄同体，不过，不能自行繁殖。春天，所有的蜗牛都为雄性。两只蜗牛相遇，彼此用脚摩擦，用触角触碰。如果互相接受，它们就用头上一根触角互相刺扎，以刺激交尾。每只蜗牛都从伴侣那儿接受精子，并将其保存在泄殖腔内。过了两个星期，所有的蜗牛又变成雌性：它们的卵巢发挥功能，产下 80 到 100 枚原卵。接着，保存的精子放射到原卵上，使其受孕。最后。蜗牛在湿地上挖洞，将卵子埋进洞内。

夏季最热的月份以及冬季最冷的月份，蜗牛都躲进壳内，用干黏液封住入口，长期睡眠。

档案卡

04 长臂猿
Hylobates sp.

奇闻异事

热带丛林被迅速破坏，使长臂猿和许多种类的热带动物生存处境异常艰难。

常遭猎捕，被当作吉祥物出售，或者内脏被加工为传统药材。

高度	重量	寿命	食物	灭绝 | 受到威胁 | 濒危
44-90 厘米	4-8 公斤	30 年	杂食	EX EW CR EN VU CD NT LC

06 狮子
Panthera leo

奇闻异事

雄狮引人注目的长鬃，使它们看上去比实际更为壮硕，它们以此向其竞争者显示力量和良好的身体状态。

与其他雄狮搏斗的时候，长鬃能保护其喉部，那是它们互相攻击最喜欢选择的要害。

高度	重量	寿命	食物	灭绝 | 受到威胁 | 濒危
107-123 厘米	120-260 公斤	16 年	食肉	EX EW CR EN VU CD NT LC

08 平原斑马
Equus quagga

奇闻异事

斑马的胎儿呈黑色。渐渐长大成熟后，白色条纹才慢慢显出。因此，斑马也称为带有白色条纹的黑色动物。

阳光辐射十分强烈的时候，斑马的黑色条纹比白色条纹热 10 摄氏度。

高度	重量	寿命	食物	灭绝 | 受到威胁 | 濒危
130-150 厘米	300-400 公斤	30 年	食草	EX EW CR EN VU CD NT LC

10

游隼

Falco peregrines

奇闻异事

　　是世界上动作最迅速的动物：游隼的最高速度每小时可达 389 公里。

　　游隼跟其他猛禽一样，辨认颜色的能力比人类强 200 倍。

翼展	重量	寿命	食物	灭绝 | 受到威胁 | 濒危
80–120 厘米	500–1200 克	18 年	食肉	EX EW CR EN VU CD NT **LC**

12

猴面鹰

Tyto alba

奇闻异事

　　吃食之后，把消化不了的东西团成小圆球状吐出，这叫作"颗粒状呕吐物"。

　　它们的天敌是人类和王雕。

翼展	重量	寿命	食物	灭绝 | 受到威胁 | 濒危
80–95 厘米	350 克	12 年	食肉	EX EW CR EN VU CD NT **LC**

14

四眼鱼

Anableps anableps

奇闻异事

　　雄鱼具有可向身体两侧，右侧或左侧转动的生殖器。

　　雌鱼的生殖穴也可朝向两侧，雄鱼只能与阴道口在相反方向的雌鱼交尾。

长度	重量	寿命	食物	灭绝 | 受到威胁 | 濒危
20–30 厘米	300 克	8–10 年	杂食	EX EW CR EN VU CD NT **LC**

16

大白鲨

Carcharodon carcharias

奇闻异事

鲨鱼皮的质地跟砂纸一样。没有鳞片，上面布满了成千上万个细小、尖利，叫作"皮刺"的刺。

长度	重量	寿命	食物	灭绝 | 受到威胁 | 濒危
4-6.6 米	1000-2200公斤	15-30 年	食肉	EX EW CR EN VU CD NT LC

↑

18

史氏指虾蛄

Gonodactylus smithii

奇闻异事

指虾蛄的眼睛可以各自独立转动，甚至转动70度。

在潜水员中，以"拇指裂痕制造虾"出名，谁要是想用裸手去捉拿指虾蛄，谁拇指上就会出现裂痕。

长度	重量	寿命	食物	灭绝 | 受到威胁 | 濒危
12 厘米	20克	6 年	食肉	EX EW CR EN VU CD NT LC

↑

20

蜻蜓

Infraorden anisoptera

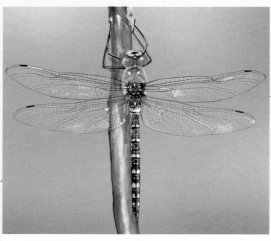

奇闻异事

蜻蜓的脚在前端。因此，它得以在植物上停留，并有效捕猎，但不利于行走。

3亿年前存在过的巨脉蜻蜓，两翼全长曾达75厘米。

长度	重量	寿命	食物	灭绝 | 受到威胁 | 濒危
2-19 厘米	视情而定	6 年	食肉	EX EW CR EN VU CD NT LC

根据种类不同而变化

22

跳蛛

Salticidae

奇闻异事

跳蛛中的蝇虎跳蛛从别的蜘蛛的网上掠夺猎物，特别拿手。

大部分跳蛛是食肉动物。有些跳蛛也食用植物来丰富自己的菜单。只有一种叫作吉卜林巴希拉的跳蛛是严格的素食主义者。

长度	重量	寿命	食物	灭绝 ∣ 受到威胁 ∣ 濒危
3-17 毫米	视情而定	1-24 年	食肉	EX EW CR EN VU CD NT LC

根据种类不同而变化

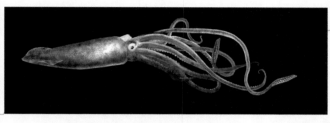

24

大乌贼

Architeuthis sp.

奇闻异事

1933 年，在新西兰发现了最大的大乌贼标本，长 21 米，重 275 公斤。

这种动物尸体的发现，使斯堪的纳维亚有关北海巨妖的神话似乎有了依据。传说中那是一个妖怪，能倾覆船舶，吞掉所有船员。

长度	重量	寿命	食物	灭绝 ∣ 受到威胁 ∣ 濒危
20 米	250 公斤	4-5 年	食肉	EX EW CR EN VU CD NT LC

↑

26

散大蜗牛

Helix aspersa

奇闻异事

虽说是蜗牛中速度最快的一种，但是它最高速度也超不过一小时 30 米。

它的血不呈红色，而是蓝绿色，因为它血里含铜，不含铁。

长度	重量	寿命	食物	灭绝 ∣ 受到威胁 ∣ 濒危
3-4 厘米	10-15 克	5 年	食草	EX EW CR EN VU CD NT LC

↑

图书在版编目（C I P）数据

神奇动物：全6册．神奇眼睛／（西）舒利奥·古铁
雷斯著 ；（西）尼古拉斯·费尔南德斯绘 ；林雪译．——
北京 ：中国友谊出版公司，2020.12
 ISBN 978-7-5057-5016-6

 Ⅰ．①神… Ⅱ．①舒… ②尼… ③林… Ⅲ．①动物-
儿童读物 Ⅳ．① Q95-49

 中国版本图书馆 CIP 数据核字 (2020) 第 202392 号

著作权合同登记号 图字：01-2020-6956

Animales Extraordinarios Series: Ojos
Text Copyright 2016 by Xulio Gutiérrez
Illustration Copyright 2016 by Nicolás Fernández
First published in Spain by Kalandraka Editora
Translation copyright 2021, by Beijing Creative Art Times International Culture Communi-
cation Company
This series is published in simplified Chinese as a set of 6 titles, arranged through CA-LINK
International LLC

神奇动物

建筑能手
CONSTRUCTORES

[西班牙] 舒利奥·古铁雷斯　著　[西班牙] 尼古拉斯·费尔南德斯　绘　林雪　译

中国友谊出版公司

生命之树

脊椎动物

棘皮动物

节足动物

软体动物

环节动物

刺胞亚门动物

多孔动物

出品人：许 永
责任编辑：许宗华
特邀编辑：何青泓
责任校对：雷存卿
封面设计：海 云
内文排版：万 雪
印制总监：蒋 波
发行总监：田峰峥

实 例

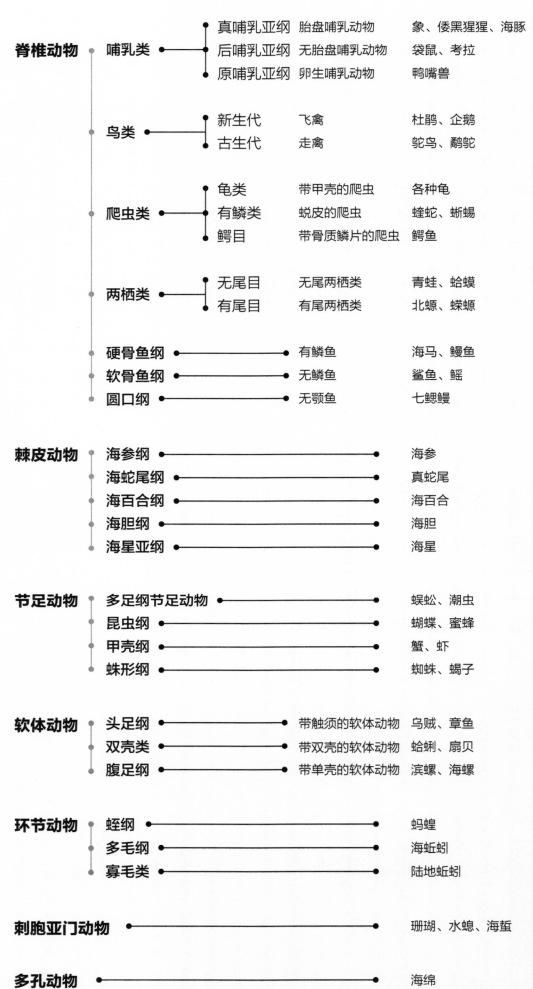

脊椎动物	哺乳类	真哺乳亚纲	胎盘哺乳动物	象、倭黑猩猩、海豚
		后哺乳亚纲	无胎盘哺乳动物	袋鼠、考拉
		原哺乳亚纲	卵生哺乳动物	鸭嘴兽
	鸟类	新生代	飞禽	杜鹃、企鹅
		古生代	走禽	鸵鸟、鹬鸵
	爬虫类	龟类	带甲壳的爬虫	各种龟
		有鳞类	蜕皮的爬虫	蜂蛇、蜥蜴
		鳄目	带骨质鳞片的爬虫	鳄鱼
	两栖类	无尾目	无尾两栖类	青蛙、蛤蟆
		有尾目	有尾两栖类	北螈、蝾螈
	硬骨鱼纲		有鳞鱼	海马、鳗鱼
	软骨鱼纲		无鳞鱼	鲨鱼、鳐
	圆口纲		无颚鱼	七鳃鳗
棘皮动物	海参纲			海参
	海蛇尾纲			真蛇尾
	海百合纲			海百合
	海胆纲			海胆
	海星亚纲			海星
节足动物	多足纲节足动物			蜈蚣、潮虫
	昆虫纲			蝴蝶、蜜蜂
	甲壳纲			蟹、虾
	蛛形纲			蜘蛛、蝎子
软体动物	头足纲		带触须的软体动物	乌贼、章鱼
	双壳类		带双壳的软体动物	蛤蜊、扇贝
	腹足纲		带单壳的软体动物	滨螺、海螺
环节动物	蛭纲			蚂蟥
	多毛纲			海蚯蚓
	寡毛类			陆地蚯蚓
刺胞亚门动物				珊瑚、水螅、海蜇
多孔动物				海绵

神奇动物

　　生物多样性，或者说，地球上存在的生灵的多种类别，是数千年进化的结果。各物种运用不同的战略，来适应纷繁复杂的环境。只有成功者才能生存，失败者则灭亡。

　　有些物种栖息于广袤的草原或者浩渺的海洋这些开阔的空间；有些隐身于生态系统提供的各种各样的洞穴和天然藏身之处：在地底下，在岩石的缝隙之中，或者在树木的枝条之间。不过，也有少数物种不满足这些空间，自己建造出类拔萃的建筑。

　　有些禽鸟构筑的窝巢，结构错综复杂，令人惊叹；有些哺乳动物挖掘的地下住房，异常繁复；有些小小的昆虫，建立起巨大的楼房；有些蜘蛛居然能够编织结构精细的猎网。它们都是

凭借其才干

存活下来的建筑能手。

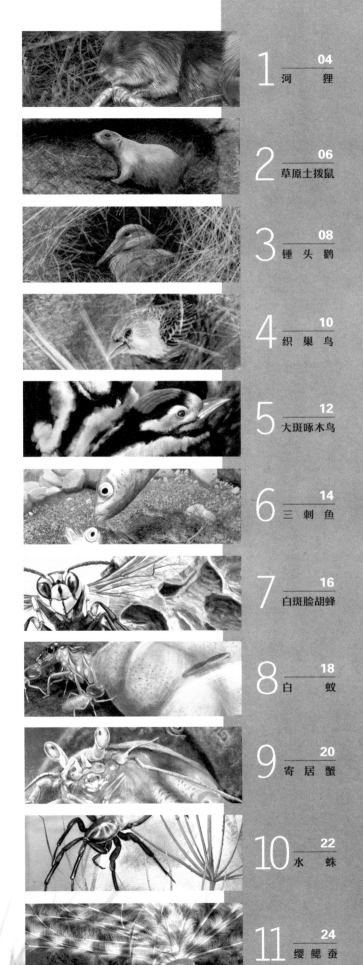

河狸

学名：*Castor fiber, Castor canadensis*

曾在北美、欧洲及亚洲大量生存。
如今仅在加拿大和俄罗斯北部繁衍。

一种与家鼠和仓鼠同科的啮齿动物。

体型如一条大狗一般。

门牙长，尾巴宽平。

　　河狸是一种习惯夜间活动的动物，并且完全适应水下生活。它趾甲之间长有皮膜，手脚便变成了鳍足，因此游水灵敏、快捷。河狸用一种从它肛门腺分泌出来的叫作"河狸香"的油性物质擦身，以使皮毛不透水。有时它会蹭擦树木，用河狸香的强烈气味标示其领地。

　　河狸是食草动物：它每天要花好几个小时来进食它拱倒的树木上的叶片和树皮。

　　当河狸得悉掠食者来犯时，便跃入水中，用有力的尾巴拍打水面，警告同类危险濒临。

　　中世纪时期，成千上万只河狸遭受猎杀。河狸肉用作食品，皮毛用以制衣，而河狸香则用来制作防水剂、入药，以及加工香料香水。

　　今天，河狸受到了保护，开始在法国、德国、波兰以及其他欧洲国家的一些地区重振旧貌。

　　河狸是一种善于改变其栖身环境的动物。它若发现水面平静的一方湖泊或一条河流，便会在岸边搭建一个泥土和树叶的大土堆，下面再挖出一个带有好几间小房的宽敞的窝洞。如果找不到适合居住的地方，它会在河中央修建一个或者几个堤坝，最后，建成水流平缓的水坝，在此构建家园。

河流工程师

为了完成这些工程，河狸会用它强大的牙齿咬断几棵颇具规模的树。接着，把树干咬成一段一段的，再将其拖拉到河中央。然后，渐渐在上面堆积大量的木材、石头和枝条。最后，堵塞住河流的渠道，形成一个水坝。

之后，它便正式开始在水坝中央或者在水坝岸边修建窝洞。

这一建筑具备带有独立出口的好几个房间；如遇危险，可立刻逃逸。

主要入口修建在水下，为的是避免掠食者侵入。接下去是休息区，而厕所就在十分近的地方。寝室则在中心地区：即最安全的地方。

河狸还会在其他房间里堆积食物，免得严寒的月份出外奔波。

草原土拨鼠

学名：*Cynomys sp.*

一种松鼠科啮齿动物。
习惯日间活动，
以及和成千上万只同类栖息在一起。

栖息在美国中部、东部以及墨西哥的
草原和沙漠里。

  草原土拨鼠是一种善于交际的动物，喜欢密集群居。其食物多种多样，主要吃草、种子和根茎，也捕食蚯蚓、蚱蜢和其他昆虫。

  200 年以前，数百万只这种啮齿动物散居于北美广袤的草原上。农民占据了这些土地之后，它们大部分灭绝了。只有那些逃到更荒芜、更偏远的地方的，才存活下来。

  草原土拨鼠是众多掠食者的主要食物，比如獾、白鼬、沙漠狐、金鹰、游隼、蛇等。因此，它是生态系统里幸存的一种关键性物种。

地下城

草原土拨鼠过家庭生活。每个家庭由一只公鼠、三四只母鼠和几只幼鼠组成。每个家庭挖掘一条长廊，带有几条通道和小房，总面积可达 30 平方米，深可至 5 米。所有这些洞穴加起来，形成一座硕大的城市，居住其间的土拨鼠，有数十万之众。

每个洞穴至少有两个入口，以便流通空气。用这样的办法，可以保持洞穴里面空气清新。这种空调系统是必不可少的：幼鼠因此能够忍受住夏季的高温。

它们挖掘出来的沙砾，在洞穴入口处形成了一座座土丘，它们正好利用其来充当瞭望塔。

近入口处的地方，是一间间起居室。再下面，是储藏室、卧室和厕所。最下面，在最深、不得任意出入的地方，是安全所，万一掠食者侵入洞穴，这里便是土拨鼠的藏身之处。

草原土拨鼠会大大改变自然环境。它们的粪便可以改善土壤的肥力；暴风雨降临的时候，它们建造的地道能疏浚雨水，避免水土流失。

锤头鹳

学名：*Scopus umbretta*

非洲鹳鸟中最小的一种鹳鸟。
头上有一个粗大的肉冠；
样子像一把锤头，
其名由此而来。

锤头鹳是一种定居的禽鸟，栖息在河流和水塘附近。在那里，它们捕捉蛙、鱼、蟹、鼠、昆虫以及其他小动物，并以此为生。

它履行着一项非常重要的生态环境使命：它的窝巢被数量繁多的动物，例如白鼬、麝猫、蜥蜴、鸽子和鹅等使用。否则，这些动物就没有合适的地方生儿育女了。

有的人以为，跟这种禽鸟打交道，就不会交好运。所以，对它总敬而远之。

根据一种民间传说，锤头鹳奴役别的动物，为它搭窝筑巢，因此，土著人管它叫作"苏丹鸟"。

但是，事实并非如此。锤头鹳是一种十分积极的动物：在窝巢里，它通常要干好几个钟头的活。倒是别的鸟，比如猫头鹰、游隼，还有巨鸮，会把锤头鹳逐出家门；而锤头鹳不得不被迫逃离，再筑新巢。

勤劳的苏丹鸟

　　锤头鹳通常把它沉重的窝巢安置在牢固的基底上：比如一棵大树的丫杈，或者悬崖上一块凸出的岩石。它的窝巢模样活像个圆屋顶：直径长两米，重 50 多公斤。这是鸟类筑建的最大的封闭巢穴。

　　伴侣双方在筑巢的时候互相合作。它们用粗大的枝条和泥土先准备好结实的基础，然后支起墙壁，稍后又用长长的枝条支撑住泥土、芦苇和麦秸做成的顶棚。

　　门通向巢内，里面是一条 S 形的狭窄通道，建在严格禁止任意入内的地方，为的是防卫掠食者侵入。

　　内部由若干相互隔开的小房组成。外部则由一堆堆骨头、贝壳、羽毛、棍子、各色石头、蜕下的蛇皮，还有玻璃、塑料或金属碎片等物件装点。

　　锤头鹳完成筑巢，需历时 3 至 6 个月；不过，它从不停止扩充，还会不断修缮随着时间的推移而造成的缺陷。

　　一旦大功告成，这个窝巢就会成为一座真正的堡垒，能承受一名男子跳上去的重量。

织巢鸟

学名：*Philetairus socius*

织巢鸟是纺织鸟科的一种小型禽鸟。
酷似麻雀，其栖息地能够聚集达 500 余
只此种鸟类。

全世界有许多种纺织鸟，
但是，织巢鸟只栖息在
非洲南部干旱地区，
如卡拉哈里沙漠。

织巢鸟居有定所，从不远离家门。它们十分勤快，总在各处奔波，忙忙碌碌。有时候，它们也吃种子，不过，它们的主要食物是昆虫，这会给它们提供它们必需的水分。所以，它们从来不喝水。

它们的窝巢里常常有访客：非洲小隼往往在织巢鸟的窝巢上面搭窝筑巢。不管是兀鹫还是猫头鹰，都把织巢鸟的窝巢当作自己的客栈。

织巢鸟没有固定的繁殖时期，这要看它们掌控的食物数量的多少。繁殖时期，它们用鲜草铺垫巢底，组成一道围栏，以防鸟蛋和雏鸟从巢里滚落或掉下。织巢鸟彼此相处极为融洽，正在抚育子女的夫妇，会经常受到相邻房间的织巢鸟的援助，喂养雏鸟。

一个织巢鸟的窝巢犹如一座有许多房间的大楼，高可达 7 米，宽 4 米，重约数吨。每个家庭可占有直径 10 至 15 厘米的圆形小房，一条长 25 厘米、宽 7 厘米的过道可通向房内。

织巢鸟像所有纺织鸟科的禽鸟一样，用鸟喙和一只脚爪把各种类别的物质，如枝条、叶子、草、线、苔藓、蜘蛛网和人类的遗弃物紧紧抓住，并统统捆扎在一起。

集体窝巢

　　织巢鸟窝巢的每个部分由不同的材料制作。顶棚用植物的茎秆、纤维和倾斜的长叶搭建；一间间小房内，铺垫着柔软蓬松的草、动物毛和绒羽，十分舒适。

　　进口设在下面部分，围有带刺植物，为的是阻扰掠食者侵入。

　　织巢鸟大部分时间都用来维修窝巢，并使之空气流通，以抵御沙漠白天酷热、夜晚严寒的极端温度。

　　织巢鸟年复一年修筑自己的窝巢，世代相传。有些窝巢竟可长达百余年不被侵占。

　　窝巢每年都会增大，直至树木不堪重压，整座大厦轰然倒塌。这时候，织巢鸟便另找别地，构筑新巢。

集体窝巢

大斑啄木鸟

学名：*Dendrocopos major*

是全世界现存的
200 种啄木鸟里，
最为人所知的。
其独特的羽毛，
极易辨认。

栖息于非洲北部、亚洲大部分地区
以及欧洲的森林里。

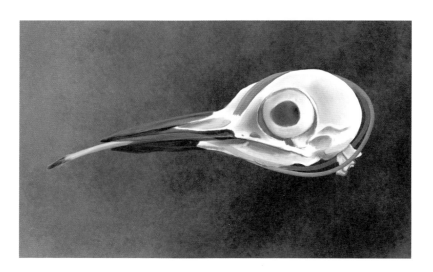

　　大斑啄木鸟是一种典型的定居禽鸟，栖息于茂密的、松柏树遍布的大森林里。它们能在其中找到合适的树木，构筑窝巢。

　　大斑啄木鸟两根脚趾朝前，两根向后，趾甲强大有力，能紧紧抓住树木。它是攀登高手，能运用又粗又短、羽毛挺括、仿佛支柱一般的尾巴进行垂直行动。

　　大斑啄木鸟杂食，其食品种类繁多。它采集各类干果，诸如山毛榉果、橡树果等，不过，它最喜欢的还是松子。为了把松子取出来，它会选定一棵粗壮的大树，把松球嵌入一个树缝，然后，用它又细又结实的鸟喙，把松子一颗颗地啄叼出来。它也吃昆虫及其栖息在树皮下面的幼虫。

　　它用长得出奇、布满又稠又黏唾液的舌头捕获这些虫子。只要有机会，它会毫不犹豫地袭击别的小型禽鸟的窝巢，吞噬它们的雏鸟。

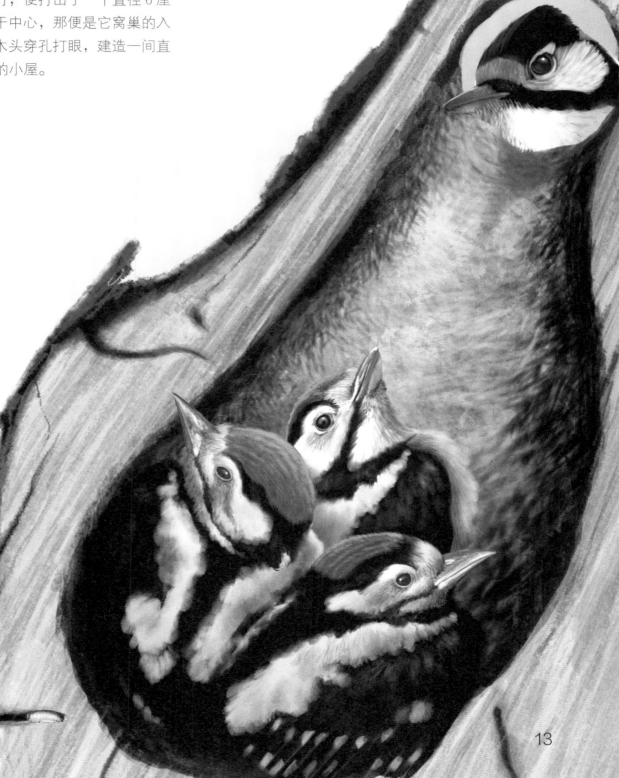

林中节奏

大斑啄木鸟像大多数啄木鸟一样，在树洞里筑巢。年复一年，它总栖息在这个窝巢里面。

到了筑巢的时候，每对大斑啄木鸟便挑选一棵高树，之后，夫妇俩就开始在5到15米的高度作业。

大斑啄木鸟的鸟喙结实、尖利，能在木头上穿孔打眼。用来击打树干，节奏很快，发出的声响，会让人想起一挺机关枪的嗒嗒枪鸣。

大斑啄木鸟的头颅粗厚结实，可以保护脑子免受击打。另外，头颅上几个外鼻孔又长又窄，可防树屑进入鼻窝。

大斑啄木鸟敲敲打打，便打出了一个直径6厘米的圆形通道，直至树干中心，那便是它窝巢的入口。随后，它朝下面的木头穿孔打眼，建造一间直径15厘米、高30厘米的小屋。

小屋每年扩展30厘米，如此这般，随着时间的推移，窝巢可至两米余深的地方。

小屋里面实际上是空的，只留下筑巢时产生的木片和木屑等剩余物质，这会让雏鸟感到舒适一些。

父母俩在筑巢、照看和喂养子女、定期打扫小屋卫生的时候，一样出力。

三刺鱼

学名：*Gasterosteus aculeatus*

栖息于自北极至欧洲、亚洲及北美
温热地区的江河海洋中
海面至 100 米深之间。

**一种小型鱼类，刺少，
背部有三根可活动的刺。**

三刺鱼是一种日间活动的鱼类，整年群居生活。4 月至 6 月是繁殖的月份，雄鱼会变得十分具有领地意识，保卫海底一方领地，以免入侵者逼近。

为了吸引异性，雄鱼在繁殖期间变换颜色：眼睛变成蓝色，还长出两个鲜艳的红色斑块，一块在喉部，另一块在腹部。

三刺鱼刺少，不过，身上密布十分坚固的骨质鳞甲，再加上它背部和腹部的刺，面对掠食者，足可出色自卫。

世界上有多种三刺鱼。大部分生活在海洋靠近海岸的地方，顺河流而上，繁殖产卵。而有的三刺鱼则终生在淡水中生活。

三刺鱼的食物有昆虫、蚯蚓、软体动物和别的鱼类的幼苗等小动物。

三刺鱼是唯一能建筑真正窝巢的鱼类。其他的鱼类只能利用贝壳、洞穴和岩石的缝隙作为藏身之所。

海下窝巢

　　繁殖时期一到，三刺鱼便使劲晃动身子和鱼鳍，在沙砾上面挖出一条沟来。随后，一口一口地衔住沙砾，远远吐出，把沟扩大。沙沟大小合适了，再用嘴巴叼来小石头、小棍和水藻余料，小心翼翼地安置妥帖，支起窝巢的内壁和顶棚，这样，这一建筑就算固定下来。最后，它再用从泄殖腔排出的黏液把这些材料黏住，使这一工程牢固耐久。

　　大功告成之后，三刺鱼变换颜色，待在窝巢入口处，显示其艳丽的色彩，吸引异性。紧接着，雌鱼纷纷游进巢内产卵。

　　等巢内产满鱼卵，雄鱼便向鱼卵射精，使之受孕。雄鱼要在入口守卫一个星期，警告可能来犯的掠食者远离。雄鱼还会不断拍打鱼鳍，让巢内流通活水，保持清洁，充满氧气。

　　产卵6天之后，幼鱼出生。雄鱼还需照料两天。在这之后，幼鱼就要独立生活了。

白斑脸胡蜂

学名：*Dolichovespula maculata*

一种群居大型胡蜂，体型等同丽蝇，
有黑白两色。

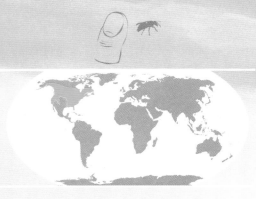

栖息于北美大部地区的
森林和草原，也靠近人类，
在城市、公园或花园谋生。

有 5000 种胡蜂分布在世界各洲，除了南极。大部分是群居昆虫，会构筑形状各异、大小不同的窝巢。白斑脸胡蜂做的窝巢最大、最复杂。

白斑脸胡蜂分三种：工蜂，不能生育的雌蜂，从事蜂巢的所有劳作；惰蜂，雄性，无刺，唯一的差事就是与蜂王交配授精；蜂王是巢内唯一能产卵的雌蜂，而其余胡蜂便由此诞生。

春初，蜂王们从冬眠中苏醒外出，在一棵高树上寻找一个安全的地方，构筑一个小巢。随后，便产下数十枚卵，幼虫由此出生，没过几天，就蜕变为工蜂。工蜂立即着手干活，扩充蜂巢，照看蜂王继续产下的成百上千枚卵。过了两个月，蜂巢变成篮球般大小，足以容纳 700 多只胡蜂生息。

秋季来临，雄蜂和年轻的蜂王一只只降生。它们成熟之后，便飞出交配。11 月初，早寒莅临，雄蜂和工蜂相继死去。已经受孕的蜂王们躲进偏僻的洞内越冬。到了次年春天，苏醒过来，组建一块新的地盘，开始另一个循环。

胡蜂用它们自己加工的纸张筑巢。为此，它们把叶片咬成一段一段，裹上它们充沛的唾液咀嚼，直至将之变为纤维素和粉浆的浓稠泥糊。它们用这种泥糊做成一个圆球，安置在一堵墙上。接着，用脚使之成形，竖起内壁，构筑一个个小房。混合泥糊干燥以后，就变成一种又轻又耐久的材料，就像一本书使用的纸张一样。

小小的纸屋

　　白斑脸胡蜂把蜂巢入口安排在下面，以免其他动物入侵。它们在里面建造了一间间六角形小房，很会利用空间。一个蜂巢能容纳2000余间小房，用极其精致的纸张制成，以免由于超重而使蜂巢倾覆。

　　最后，胡蜂给蜂巢铺上一层又一层的材料，形成一道防水、坚固、蜡纸板一样的壁垒。

白蚁

学名：*Macrotermitidae*

一种群居小昆虫，
生活在地下。
世界上有 2000 多种白蚁。

栖息于全世界炎热温暖地区，
尤其盛产于南美、非洲及澳大利亚的
一些森林地带。

白蚁以木头和其他纤维丰富的植物残渣为生。它们履行着一项生态保护的重要使命：从朽木中回收利用有机养料，促使形成肥沃的土壤，而自己又是许多动物的食物。

白蚁分好几种，每一种在蚁巢里都负责一项差事。

工蚁白色、小巧、目盲，从来不离巢外出，从事聚居地的所有劳动：构筑和修缮蚁巢，看管幼蚁，挖掘地道，寻找食物，维持其他各类白蚁的生计。白蚁消化不了纤维，但是，工蚁肠内有共生微生物，能把纤维转化为富有养分又带有糖分的汁液，并以此维持生计。它们还把这种汁液回吐出来，哺养聚居地其他各类白蚁。工蚁也培植鸡枞菌，在其千篇一律的纤维食品单里，再获取一种蛋白补充品。

兵蚁是不会生育的成年白蚁，具备硕大的、满含剧毒的颚和腺。它们会猛烈攻击任何一种企图侵入蚁巢的动物。

有翅膀的青年成虫两种性别都有。每到炎热潮湿时期来临，会纷纷乱乱地离开蚁巢。

每对白蚁交配之后，翅膀便会掉落，从此组建一块新的聚居地，并成为蚁王和蚁后。

蚁王和蚁后是聚居地唯一有繁殖能力的成年蚁。蚁后除了每天产下 1000 多枚卵之外，还会分泌一种荷尔蒙，决定破卵而出的每一只白蚁的类别。

白蚁的窝巢很大：可高出地面 9 米，那是窝巢第三层的高度，而大部分建筑却都在地下。一块聚居地可居住 200 多万只白蚁。还有些类别的白蚁栖息在死树里面；要不，就侵占住宅的木结构，住在里面。

为了筑巢，工蚁用嘴巴叼来碎小的木材、植物纤维和自己的粪便。随后，经过咀嚼，混上唾液，制作出一种浆状物质，慢慢地建成窝巢的壁垒。窝巢构筑完成，结实牢固，能经得住火灾和水灾，不会蒙受巨大伤害。

有效的劳动

巢穴入口的地道十分狭窄，工蚁用它们的大脑袋就可以堵住，这样能够阻挡敌人的袭击。

窝巢拥有成千上万个气口，受污染的热气和新鲜的空气通过这个空调系统一出一进。工蚁们会把一些地道开开关关，控制空气的流通，保持恒温和一定的湿度。

蚁巢还有成千上万个空间，用来做育儿房、蘑菇园和各种仓库。最为重要的房间是蚁王蚁后的寝宫，筑在地下深处，有时距地面 40 米之遥。

寄居蟹

学名：*Eupagurus bernhardus*

寄居蟹栖息于
欧洲各海岸不同层次的地段，
自岸边至 400 米深的海底。

寄居蟹是一种小型甲壳动物，

与海虾同科。

在世界各大海洋中，

有 600 余种色彩各异、大小不一的寄居蟹。

由于存在如章鱼等许多喜欢猎食寄居蟹的动物，寄居蟹常隐居在海底的岩石和水藻之间。有时候，寄居蟹在大海鳗、海鳝等章鱼的天敌栖息的洞穴里寻找藏身之处，保护自己。

寄居蟹会花很多时间，把水藻、小石头和在海底找到的别的什么小物件放在自己身上，以便进行伪装和隐身，不易被发觉。

有的寄居蟹会采取一种特别有效的保护方式：它抓住一对海葵，将其紧贴在自己的贝壳上面。海葵能致痒的触须就是抵御许多掠食者的绝佳妙招。

海葵不会自己挪动，这倒更加有利，这样就更有机会获取食物。两个物种互利互赢的合作，就是有名的"共生现象"。

寄居蟹的脑袋、胸腔和脚爪裹着一层钙质甲壳，不过，它的腹部柔软娇嫩，其实是一种非常脆弱的动物。为了防御掠食者，寄居蟹会躲进一个空的贝壳，把腹部卷成螺旋状，与贝壳的形状趋于一致，再用它两只带刺的螯肢封住入口。它的主要武器是左螯，比右螯大而有力。

栖息于他人之家

寄居蟹是少数利用其他动物的遗弃物，如软体动物的贝壳等，作为自己居所的生灵之一。这种行为叫作"寄居"。

寄居蟹长大了，贝壳显小了，它就会去寻找另一个更大的贝壳。它要花好几天时间在沙砾遍布的海底寻找，不辞劳苦，直至找到结实、经久、无缝隙的"完美居所"才歇手。

这时候，它用螯足紧紧抓住贝壳，半信半疑地等待着适当的移居时机。确定没有危险之后，它从老壳里卷开腹部，经过几分钟的努力，钻进新壳。

水蛛

学名：*Argyroneta acuatica*

唯一常常栖息于水中的蜘蛛。
体小，呈褐色。

栖息于欧洲、亚洲及非洲地中海海岸
水质洁净澄澈的河流湖泊
的水生植物丛间。

蜘蛛是掠食能手。它们捕获猎物，不费吹灰之力：只要构筑陷阱，就能得手。大部分蜘蛛用纤细至极的丝线张网。

蜘蛛通过腹部顶端的几个分泌腺吐丝。丝刚出来的时候是液体，一旦与空气接触，便立即凝固，变成一种比同样粗细的钢丝还要结实的细丝。

所有的蜘蛛都会产生毒素，它们通过嘴巴两边叫作"螯肢"的两根刺，将其注入猎物体内。

水蛛的毒性非常强。它用来猎获昆虫的幼虫、鱼类以及诸如蛙、蝾螈等小型两栖类动物。不过，对于人类来说，它并不危险，它的螯肢扎不进人的皮肤。

水蛛觅食的时候，在水中植物之间灵活快捷地游动。一遇到猎物，它便迅即猛扑过去，注入毒液，使其顷刻毙命。随即，将战利品拖进存放猎物尸体的巢内，再吃掉。

水蛛把它球状的蛛网固定在河底植物上面。随后，浮上水面，挥动脚爪，形成一个个气泡。这些气泡紧紧附在它身上和脚爪上。

之后，它潜入水底，把气泡中的新鲜空气灌进蛛网里面。在水面来回几次，蛛巢就充满了空气，水蛛无需再行更新，因为巢壁能让气体替换：环绕蛛巢的植物散发出来的氧气进入，水蛛呼吸所排出的二氧化碳排出。由于储备了这种空气，水蛛能在水里待上几个小时或者几天，不用浮上水面。

雌蛛通常会构筑一个大巢，在上端带有一间小小的育儿室，以便孵卵。雄蛛则搭建一个略小一点的，黏在雌蛛巢旁边。暮春时节，雄蛛在两巢之间打开一个通道，进入雌蛛的窝巢，与之交配。

几天后，雌蛛便产下50至100枚卵，并将其裹进一只丝茧里面，存放在育儿室。小蜘蛛出生之后，就爬下去，到窝巢的主房，它们的母亲会在那儿把它们喂养到独立谋生。在这个时期，母蛛常常游到水面，获取子女需要的空气。

有毒的建筑师

长大后，年轻的水蛛离开窝巢，随水漂流，目的是在自己的领地上立足。

这些年轻水蛛暂时不构筑自己的窝巢，会先栖身于空贝壳，或者地上的洞穴里面，用一段段丝线将其封住，以便积攒空气。

初秋，所有的水蛛一起出动，加固蛛网，隐居起来，准备冬眠，直到来年春天，开始它们新的生命循环。

缨鳃蚕

学名：*Sabellidae*

缨鳃蚕是一种定居动物，
生活在它自己制作的管道里，
从中伸探出扇子形状的羽冠来。

栖息于地球各大洋的
海底深处，
自海岸至最为深邃的海渊。

现存有成千上万种缨鳃蚕，它们聚集成35种不同的属，均归多毛纲。身上布满可以活动的刚毛，那是类似毛发的丝线，用来在管道内部促进自己活动。

它们的嘴巴周围，有呈扇状的羽缨，通过管道的洞孔展开，它们的名字就来源于此。这把扇子是非常有用的器官，可用来捕猎和呼吸。

捕猎的时候，缨鳃蚕数小时张着扇子，羽缨不断随水流摆动，仿佛水藻一般。这时候，小型动物形成的浮游生物在它们有黏性的丝线上经过，就给黏上了。缨鳃蚕随即关闭扇面，将其拖进管内，安安心心地消化猎物。

缨鳃蚕也用扇面从外面获取氧气；在管道里面，水是停滞不动的。

缨鳃蚕可以分泌一种黏液来制作管道，管道慢慢凝固，再黏上沙砾、碎贝壳等其他材料。

羽毛陷阱

有几种缨鳃蚕把管道固定在如贝壳、珊瑚、岩石，甚至船体等坚硬的表面上。有的则固定在沙砾上，一部分深埋进去，打好基础，而另一部分凸出海底。

管道可作藏身之处。如果感到危险，它就会突然潜入海底，缩回扇面，仿佛塞子一样，阻挡掠食者侵入。

这些蠕虫是不可或缺的，海底的生物循环因此得以完善，因为它们能回收漂浮于海水中的矿物微粒和有机物微粒。

珊瑚

学名：*Clase Anthozoa*

珊瑚是刺胞亚门族群
体型很小的动物。
可以形成数百万只珊瑚聚集的巨大珊瑚礁，
或者形状酷似树木的小型聚居地。

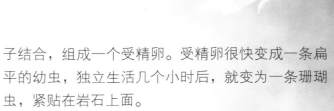
珊瑚礁盛产于加勒比海、
巴西海岸、红海、
印度洋、太平洋各岛屿
以及澳大利亚。

　　珊瑚是一种非常原始的动物。每只珊瑚，或者说每只珊瑚虫，只不过是一个充满了水的袋子，四周全是触须。它们的躯体十分柔软，99%都是水分。

　　然而，它却是一个非常可怕的掠食者，猎捕组成浮游生物群的生物体。它主要的武器是它布满皮肤的成千上万个刺丝囊。这些刺丝囊与海蜇的刺丝囊十分相似，也会令对手感到刺痛。

　　珊瑚的繁殖很繁复：先是有性的，后是无性的。

　　有性繁殖的时候，雄性和雌性分别在水中释放精子和卵子，并在水中受孕。也就是说，精子与卵子结合，组成一个受精卵。受精卵很快变成一条扁平的幼虫，独立生活几个小时后，就变为一条珊瑚虫，紧贴在岩石上面。

　　从这个时候开始，便进行无性繁殖：珊瑚虫接连不断地分裂，并让位于成千上万只组成聚居地的珊瑚。

　　出芽无性繁殖也是常事：在母珊瑚的皮上，出现了一小块细胞，然后长大，变成一个珊瑚虫儿子。此子将在母体上度过一生；而当母亲死去，它会在遗体上继续生长。

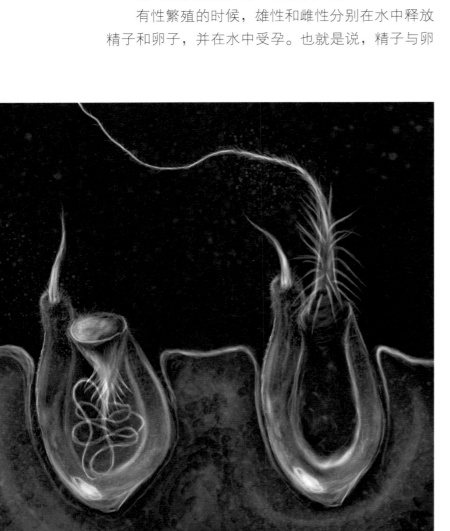

珊瑚礁建筑师

珊瑚是聚居的生物体，通过穿越珊瑚板块的管道彼此交流沟通。一块聚居地的所有成员彼此紧密联系沟通，做出反应，仿佛只是一个珊瑚。

珊瑚虫的内壁和根基会分泌一种钙质的微小晶体。这些晶体渐渐形成一个杯子状的钙质骨架，围着珊瑚虫。随着晶体逐渐增多，珊瑚在它们前辈的骨架上渐渐生长。如此这般，便慢慢形成了巨大的钙质板块，可达几十米厚，叫作珊瑚礁。

珊瑚礁允许存在最大限度的生物多样性生态系统。所有种类无以数计的动物物种都可以在这里找到庇护和食物。

有许多种珊瑚栖息在世界各大海洋。形成珊瑚礁的珊瑚，需要澄澈、暖和（20至28摄氏度）、不太深且氧气充足的海水。

大部分珊瑚受到污染、拖网捕捞以及由于气候变化而导致的海洋水面上升的威胁。

档案卡

04 河狸
Castor fiber, Castor canadensis

奇闻异事

　　欧洲河狸和美洲河狸几乎一模一样。科学家把它们分为两个不同的物种，是因为它们的染色体数量不同。

　　美洲河狸濒临危险，而欧洲河狸如今也极易受到伤害。

长度	重量	寿命	食物	灭绝 | 受到威胁 | 濒危
1 米	20 公斤	5 年	食草	EX EW CR EN VU CD NT LC

06 草原土拨鼠
Cynomys sp.

奇闻异事

　　它的西班牙文名字 perrito de las praderas 原意为"草原小狗"，就是因为它微小的叫声，像是一条小狗的吠叫。

　　它们爬上小土包，摆好一定的姿势，能发出多达 11 种不同的叫喊声，以此来交流沟通。

长度	重量	寿命	食物	灭绝 | 受到威胁 | 濒危
30-38 厘米	800 克 -1.5 公斤	3-4 年	杂食	EX EW CR EN VU CD NT LC

08 锤头鹳
Scopus umbretta

奇闻异事

　　锤头鹳喜欢爬上河马的背脊，捕捉不期而至的蛙类动物。

　　许多江湖医生和巫师收集锤头鹳窝巢的物品，来举行魔法礼仪。

翼展	重量	寿命	食物	灭绝 | 受到威胁 | 濒危
90-95 厘米	415-480 克	30 年	掠食者, 食肉	EX EW CR EN VU CD NT LC

10
织巢鸟
Philetairus socius

奇闻异事

　　织巢鸟往往把窝巢搭建在树干非常光溜的树木上，以免蛇，尤其是眼镜蛇攀爬上来。

　　有时候，还搭建在电线杆或电话线杆上。

翼展	重量	寿命	食物	灭绝 ‖ 受到威胁 ‖ 濒危
14 厘米	26-30 克	5 年	昆虫、种籽	EX EW CR EN VU CD NT LC

12
大斑啄木鸟
Dendrocopos major

奇闻异事

　　大斑啄木鸟总利用同一棵树作为铁砧来砸取松仁。在它脚上常常可以发现无数松果的残渣。

　　它会寻找一棵能发出响声的树，用鸟喙快速敲打，来标示自己的领地。它用这个颇具特色的声响来提醒它的同类自己在场，切勿靠近。

翼展	重量	寿命	食物	灭绝 ‖ 受到威胁 ‖ 濒危
34-44 厘米	70-90 克	11 年	昆虫、草本植物	EX EW CR EN VU CD NT LC

14
三刺鱼
Gasterosteus aculeatus

奇闻异事

　　三刺鱼是科学家在考察物种进化时用得最多的一种鱼。

　　雄鱼的颜色是它们在繁殖期间进食红色水藻所致。

长度	重量	寿命	食物	灭绝 ‖ 受到威胁 ‖ 濒危
5-10 厘米	15-20 克	8 年	掠食者，食肉	EX EW CR EN VU CD NT LC

16

白斑脸胡蜂

Dolichovespula maculata

奇闻异事

  白斑脸胡蜂是对农业有利的动物，它们捕食昆虫的幼虫，可以避免虫害出现。

  与蜜蜂不同，胡蜂蜇刺后并不会死亡。

长度	重量	寿命	食物（成年蜂）	灭绝 ┃ 受到威胁 ┃ 濒危
11-14 毫米	300毫克 (工蜂)	8个月 (工蜂)	草本植物，昆虫	EX EW CR EN VU CD NT LC

未评估

18

白蚁

Macrotermitidae

奇闻异事

  在非洲中部，人们会捕捉带翅的白蚁，认为它们是美味的食物。

  世界上所有白蚁相加的重量，是人类总体重量的10倍。

长度	重量	寿命	食物	灭绝 ┃ 受到威胁 ┃ 濒危
4-6毫米 (工蚁)	12毫克 (工蚁)	5年（工蚁）	残屑，蛀木	EX EW CR EN VU CD NT LC

未评估

20

寄居蟹

Eupagurus bernhardus

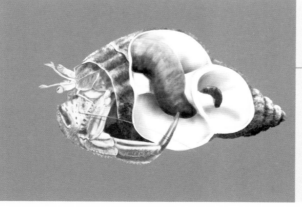

奇闻异事

  寄居蟹是捕鱼者十分中意的鱼饵。

  如果找不到符合需要的贝壳，寄居蟹会利用瓶子、塑料盒和金属盒等其他物品。

长度	重量	寿命	食物	灭绝 ┃ 受到威胁 ┃ 濒危
3.5厘米	17克	1年	杂食	EX EW CR EN VU CD NT LC

未评估

22

水蛛

Argyroneta acuatica

奇闻异事

它的拉丁文名字是"银蜘蛛"的意思。

水蛛对河流的污染十分敏感。

所有的蜘蛛都有 8 只脚，不同于只有 6 只脚的其他昆虫。

全长	重量	寿命	食物	灭绝 | 受到威胁 | 濒危
8-15 毫米	20 毫克	2 年	食肉	EX EW CR EN VU CD NT LC

↑

24

缨鳃蚕

Sabellidae

奇闻异事

最能承受高温的生物是庞贝蠕虫。那是一种扇形蠕虫，栖息于北太平洋火山热液喷发口。生息于摄氏 90 度的水下。

它们还能承受大于 250 倍大气压的压力。

长度	重量	寿命	食物	灭绝 | 受到威胁 | 濒危
1 毫米至 1 米	视情而定	视情而定	滤食，小噬细胞	EX EW CR EN VU CD NT LC

根据种类不同而变化

26

珊瑚

Clase Anthozoa

奇闻异事

珊瑚装饰的色彩是珊瑚虫拥有的共生水藻所致。如果水藻死去，珊瑚也会变白，并相继死去。

大型珊瑚礁是地球上最大的动物建筑。它十分巨大，甚至在空中都能看到。

长度	重量	寿命	食物	灭绝 | 受到威胁 | 濒危
0.6-30 厘米	视情而定	视情而定	食肉动物，小噬细胞	EX EW CR EN VU CD NT LC

根据种类不同而变化

图书在版编目（ＣＩＰ）数据

神奇动物：全6册. 建筑能手／（西）舒利奥·古铁雷斯著；（西）尼古拉斯·费尔南德斯绘；林雪译. ——北京：中国友谊出版公司，2020.12
ISBN 978-7-5057-5016-6

Ⅰ. ①神… Ⅱ. ①舒… ②尼… ③林… Ⅲ. ①动物-儿童读物 Ⅳ. ① Q95-49

中国版本图书馆 CIP 数据核字 (2020) 第 202394 号

著作权合同登记号 图字：01-2020-6956

Animales Extraordinarios Series: Constructores
Text Copyright 2010 by Xulio Gutiérrez
Illustration Copyright 2010 by Nicolás Fernández
First published in Spain by Kalandraka Editora
Translation copyright 2021, by Beijing Creative Art Times International Culture Communication Company
This series is published in simplified Chinese as a set of 6 titles, arranged through CA-LINK International LLC

书名	神奇动物：建筑能手
作者	[西班牙] 舒利奥·古铁雷斯
绘者	[西班牙] 尼古拉斯·费尔南德斯
译者	林雪
出版	中国友谊出版公司
发行	中国友谊出版公司
经销	新华书店
印刷	北京中科印刷有限公司
规格	710×1000毫米　8开 4印张　43千字
版次	2021年4月第1版
印次	2021年4月第1次印刷
书号	ISBN 978-7-5057-5016-6
定价	198.00元（全6册）
地址	北京市朝阳区西坝河南里17号楼
邮编	100028
电话	（010）64678009

版权所有，翻版必究
如发现印装质量问题，可联系调换
电话　（010）59799930-601

神奇动物

独 特 嘴 巴

BOCAS

[西班牙] 舒利奥·古铁雷斯 著 [西班牙] 尼古拉斯·费尔南德斯 绘 林雪 译

中国友谊出版公司

生命之树

- 脊椎动物
- 棘皮动物
- 节足动物
- 软体动物
- 环节动物
- 刺胞亚门动物
- 多孔动物

出品人：许 永
责任编辑：许宗华
特邀编辑：何青泓
责任校对：雷存卿
封面设计：海 云
内文排版：万 雪
印制总监：蒋 波
发行总监：田峰峥

实 例

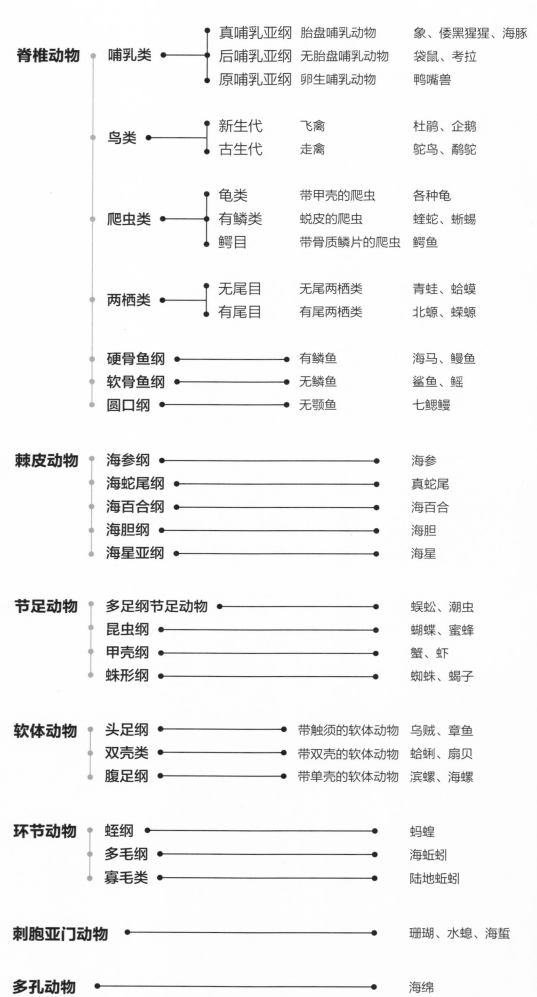

脊椎动物	哺乳类	真哺乳亚纲	胎盘哺乳动物	象、倭黑猩猩、海豚
		后哺乳亚纲	无胎盘哺乳动物	袋鼠、考拉
		原哺乳亚纲	卵生哺乳动物	鸭嘴兽
	鸟类	新生代	飞禽	杜鹃、企鹅
		古生代	走禽	鸵鸟、鹬鸵
	爬虫类	龟类	带甲壳的爬虫	各种龟
		有鳞类	蜕皮的爬虫	蛭蛇、蜥蜴
		鳄目	带骨质鳞片的爬虫	鳄鱼
	两栖类	无尾目	无尾两栖类	青蛙、蛤蟆
		有尾目	有尾两栖类	北螈、蝾螈
	硬骨鱼纲		有鳞鱼	海马、鳗鱼
	软骨鱼纲		无鳞鱼	鲨鱼、鳐
	圆口纲		无颚鱼	七鳃鳗
棘皮动物	海参纲			海参
	海蛇尾纲			真蛇尾
	海百合纲			海百合
	海胆纲			海胆
	海星亚纲			海星
节足动物	多足纲节足动物			蜈蚣、潮虫
	昆虫纲			蝴蝶、蜜蜂
	甲壳纲			蟹、虾
	蛛形纲			蜘蛛、蝎子
软体动物	头足纲		带触须的软体动物	乌贼、章鱼
	双壳类		带双壳的软体动物	蛤蜊、扇贝
	腹足纲		带单壳的软体动物	滨螺、海螺
环节动物	蛭纲			蚂蟥
	多毛纲			海蚯蚓
	寡毛类			陆地蚯蚓
刺胞亚门动物				珊瑚、水螅、海蜇
多孔动物				海绵

独特嘴巴

神奇动物

从极地至赤道分布着多种生态系统：由北极苦寒之地到炎热的热带，由荒芜的沙漠到赤道潮湿的热带雨林。每个生态系统里都有数千种动物为生存而争斗，根据自然淘汰法则，

"吃或者被吃"。

为了存活，每个物种都需要适应某一生态系统，某一气候，某一食物。每个物种都有独特的获取食物的方式，比如某些独有的器官或者有别于其他物种的独有的行为方式。

它们的这些器官称得上"术业有专攻"。

本书将介绍一些神奇的动物。为了捕获所需的食物，它们展现了极其复杂的适应能力。这些"专家"中，有的食肉，有的食草，向我们展示了自然界种类繁多的捕食策略。

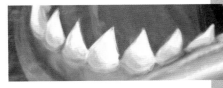

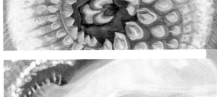
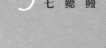

食蚁兽

学名: *Myrmecophaga tridactyla*

食蚁兽又叫蚁熊，
是很壮实的哺乳动物，
它们的体型跟一只大狗差不多。
除了名字，这家伙其实跟熊并没有什么关系，
倒是跟树懒沾亲带故。

食蚁兽生活在中美洲和南美洲
广袤的大草原上和热带雨林里。
它们喜欢开阔的生存环境，
它们出没其间，奔波跋涉，搜捕蚂蚁。

食蚁兽饭量很小，不能耗费太多能量。它们得想方设法省点力气，比如挪动缓慢，睡眠充足，一天睡够 16 个小时。

食蚁兽是动物中的独行侠。一年中只有繁衍后代的那短短几天才出双入对，之后就夫妻散伙，各回各家。

雌性食蚁兽每次分娩只生一个幼崽。它们把宝宝扛在背上的时候，宝宝能跟妈妈身上的图纹融为一体。

食蚁兽粗硬的表皮上长着又厚又粗的毛，这能帮它们抵御兵蚁的攻击和叮咬。

只有美洲狮和美洲豹才算得上食蚁兽的死敌，可因为人类的原因，食蚁兽已经濒临灭绝。城市化加速、偷猎以及生存环境的破坏，都使食蚁兽的数目急剧下降。

超级舌头

热带地区全年炎热潮湿，植被飞速生长，成吨的树叶和枯木被掩埋在土壤之下，成为数百万小昆虫的美食。

食蚁兽是捕食小昆虫的能手，它们最爱的食物就是蚂蚁。一只成年食蚁兽一天就能吃掉 3.5 万只蚂蚁。

一发现蚂蚁窝，食蚁兽就用它们的大爪子捣烂蚁窝的入口，然后再用锋利的趾甲往里挖，一直挖到蚂蚁栖息的坑道里，接着伸进它的细嘴，吐出又大又长的舌头。觅食的时候，食蚁兽的长舌头每秒钟一进一出，能伸缩三次。

食蚁兽没有牙齿，用黏稠的唾液牢牢黏住蚂蚁后，嚼也不嚼就把它们吞下去。

食蚁兽刨蚂蚁窝时，只捣毁蚁穴的最上层。蚂蚁能够很快重建巢穴。几星期以后，食蚁兽就能够得到更多的美味。这样一来，食蚁兽不但不会破坏生态平衡，而且还能确保自己长期生存。

座头鲸

学名：*Megaptera novaeangliae*

座头鲸
体型中等，
个头是蓝鲸的一半。
长鳍和弓背是它独有的特征。

座头鲸在漫长的旅行中度过一生。它们慢吞吞的身影出没于世界各大洋，游泳的速度相当于人类走路的速度。

有时它们高高跳出水面，翻转回旋，快速而壮观。求爱的时候，雄鲸接近雌鲸，争相跳跃。座头鲸在繁殖期会游向热带水域，在温暖的海水中诞下幼崽。

座头鲸最大的威胁是人类。20 世纪，超过 10 万头座头鲸遭到捕猎，数量骤减到濒危边缘。现在，全世界仅存 2.8 万头。1966 年起，除了少数国家，座头鲸在世界范围内得到保护。

外表淡定平和的座头鲸其实是强大的捕猎者。夏天，座头鲸到极地海洋捕杀数以吨计的小北极虾和类似鲱鱼和沙丁鱼这样的小鱼。其他时节，它们什么都不吃，就靠囤积的皮下脂肪过活。

捕食的时候，座头鲸先是用尾巴和鳍拍水来把猎物晃晕，然后径直而快速地吞下猎物。有时座头鲸会用到一种需要群体合作的诡异捕猎技术：泡泡捕猎法。

座头鲸是群居动物，生活在小型家庭群体中。鲸鱼用来和同伴沟通的声音高低不同，宛如乐章。其中有些声音非常低沉，人类根本听不见。

座头鲸喜欢接近船只，所以想看到它们非常容易。

泡泡捕猎法

座头鲸一看到成群的小鱼，就迅速游动把它们包围，排出空气并在周围形成一个水泡网。猎物们被泡泡搞得晕头转向，完全看不到鲸鱼在哪儿，乱跳出水面，聚集在水泡陷阱的中央。

座头鲸此时会张开大口从水下往上蹿，连鱼带水一口吞，把几百升水和几千只鱼虾含在嘴里，紧接着用它巨大的舌头，让水顺着须子流出嘴外，留在嘴里的美味则顺着它们的窄嗓子吞咽下肚。

吸血蝠

学名：*Desmodus rotundus*

吸血蝠居住在
美洲大陆最炎热的地区，
从北美的墨西哥到南美的阿根廷和智利，
都有它们的踪影。

吸血蝠
是一种小个头的蝙蝠，
大概和麻雀一般大小。
以吸食马、驴、羊的血为生，
有时也吸食人血。

吸血蝠是群居动物，生活在小型家庭群体中。白天，它们藏匿于洞穴、树木和楼宇的废墟中。吸血蝠的尿液会散发出强烈的氨气味道，所以想找到它们非常容易。

吸血蝠几乎不在身体里面囤积脂肪。如果超过 4 天不进食，它们就活不下去。要是饿了，吸血蝠就去向邻居求助，邻居会把胃里的存货吐出来给它们吃。

跟其他蝙蝠一样，吸血蝠视力糟糕但听觉奇佳。它们飞行的时候靠听觉导航。

吸血蝠在飞行的时候，能发出一种人类听觉接收不到的尖叫。这声音极其尖锐，吸血蝠利用回音计算距离、躲避障碍并定位猎物。这套定向系统，被称为回声定位，和战斗机的雷达相似。

暗夜捕食者

吸血蝠至少要花两个小时来挑选猎物并占据有利地形，然后小心翼翼地接近猎物并轻轻跳到猎物背上或爪子上。

通过感知猎物皮下血管的热度，吸血蝠能一下咬破它们流血最多的部位。

下嘴之前，吸血蝠会轻舔猎物的皮肤，撇开它们的毛发，并涂上自己的唾液。吸血蝠的唾液里含有麻醉成分，能让猎物感觉不到疼痛。

接着，吸血蝠用它堪比手术刀的锋利牙齿，在猎物身上划出一个小小的环形伤口。吸血蝠的唾液含有抗凝成分，鲜血得以大量从猎物身体里涌出。

之后，吸血蝠伸出它管状的舌头从猎物伤口吸食血液，直到完全满足为止。

成年吸血蝠一天吸食 15 克血液，相当于它一半的体重。吸完血，吸血蝠需要休息好一会儿，再尿一大泡尿来减轻体重，才能起飞。

鸭嘴兽

学名：*Ornithorrhynchus anatinus*

鸭嘴兽是小型又害羞的哺乳动物。
它们白天藏在地下的巢穴里，
晚上出来捕食，
再黑也不怕。

鸭嘴兽生活在澳大利亚本土和它东
南的塔斯马尼亚岛州。
它们近水而栖，
靠近河流和湖泊。

第一批鸭嘴兽标本被带到欧洲的时候，科学家们非常震惊。他们简直没法相信竟然有这样一种动物：它拥有鸭子的嘴巴，老鼠的牙齿，鼹鼠的外皮，河狸的尾巴，青蛙的脚爪，还散发出腐鱼的腥臭味儿来躲避掠食者。

鸭嘴兽是非常原始的哺乳动物。雌性鸭嘴兽每次下两枚卵，卵的外壳很软，要花一个星期进行孵化。由于一生下来什么也看不见，又没有皮毛，刚刚破壳而出的幼崽是特别脆弱的。雌性鸭嘴兽没有奶头，奶水从它们肚皮渗出来，宝宝们得爬在妈妈身上舔妈妈的肚子。

鸭嘴兽的皮可以制成皮鞋，以前常常遭到捕猎。现在它们已经得到了保护。不过，如果生存环境一再被破坏，它们可能会再次陷入险境。

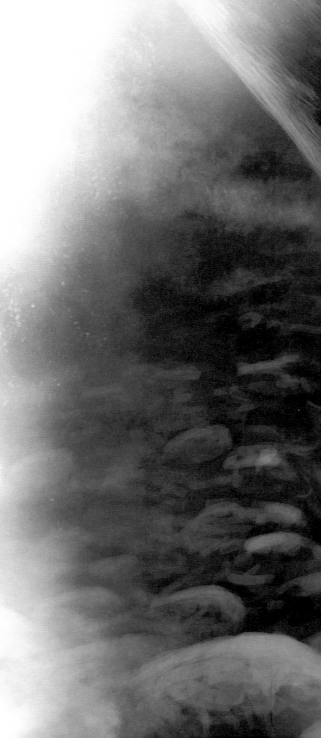

奇特的构造

鸭嘴兽的食物很多样：海藻、水生植物、蚯蚓、青蛙、小虫、虾和其他无脊椎动物。鸭嘴兽非常能吃，一个晚上就能吃下跟自己一般重的食物。

鸭嘴兽的视力出众，听觉灵敏。它们的这个优势用于侦测掠食者行踪，而不用来捕猎。

捕猎的时候，鸭嘴兽闭上眼睛和鼻孔，通过嘴巴上的电定位器官觉察到猎物肌肉的电场，无论藏身在石头底下还是被掩埋在河床的沙子里，都无从遁形。

锁定猎物后，鸭嘴兽借助触觉灵敏的嘴巴把它们从石头缝里拱出来捕获。

捕食的时候，鸭嘴兽像仓鼠一样把战利品存在腮帮子里。然后再躲到一个地方，不慌不忙地大快朵颐。

火烈鸟

学名：*Phoenicopterus ruber*

火烈鸟分布在全世界各个炎热地区，
非洲、亚洲、中美洲和南欧
都有它们的踪迹。

火烈鸟是一种大型禽鸟，
沿水而栖，几千只火烈鸟成群栖息在河流和湖泊沿岸，
它们同时展翅高飞的场面蔚为壮观。

火烈鸟分为5种，彼此形态极为相似，其中最常见的是粉红色火烈鸟。它们全部近水而栖，生活在河流和湖泊附近的泥泞地带或者沿海咸水湖泊中。

火烈鸟的脚很长，脚趾间有蹼，走动的时候不会陷在泥泞里。

抚育雏鸟的时候，火烈鸟两口子共同搭建泥窝，如有必要，会拼命抵御外来侵袭。雌鸟每次生卵一枚，它们的蛋个头很大，需由夫妻双方共同悉心呵护。雏鸟出世后的3个月里，由父母喂食。

火烈鸟是很多动物的猎物，但它们最大的威胁还是人类：城市建设毁掉了它们的家园，环境污染破坏了它们的生存环境。非但如此，很多人还以捕杀它们为乐。

高大上的过滤器

火烈鸟以咸水中丰富的植物和小动物为食，例如海藻、软体动物、蚯蚓等等。

火烈鸟嘴巴的结构非常复杂。上喙僵硬，下喙灵活，咬合完美。喙内布满板槽，作用相当于过滤器或者筛子。巨大的舌头作用好像抽水机，能大力吸入或者排出水分。

觅食的时候，它们弯脖低头，喙和水面保持平行。慢慢前行，把脚爪插进泥里搅和，以便把猎物翻出来。

之后它们再利用上喙带起大量泥水，上下快速搅动舌头，速度可达到一秒钟好几次。它们用力过滤并排出水分，发出巨大的轰响，这样，食物就能保留在它们喙中的板槽里。

一只成年火烈鸟每天得吃掉 5 万只小动物，所以它们每天都得把大量时间花在捕食上。

非洲鳄鱼

学名：*Crocodylus niloticus*

鳄鱼是现存最大的爬行动物。
非洲鳄鱼是个善于
伏击捕猎的厉害角色。

非洲鳄鱼主要栖息在非洲的河流中，
也有一些相似的物种
生活在亚洲、美洲和澳大利亚的热带地区。

非洲鳄鱼很好斗，一旦进入它们的领地，肯定会遭到其猛烈的攻击。

美丽的非洲鳄鱼皮在黑市上价格高昂，导致非洲鳄鱼被大量偷猎，面临物种灭绝的威胁。

非洲鳄鱼是"冷血"动物，不需要消耗能量来转化热量。相对于它们庞大的个头，非洲鳄鱼生存只靠少量的食物——一条350公斤重的鳄鱼一天只吃不到1公斤肉。

相传，下杀手的时候，鳄鱼会流下难过的眼泪。事实是由于鳄鱼的泪腺和唾液腺离得很近，它们吃东西的时候难免常掉点眼泪。

雌性鳄鱼在沿河边挖的巢穴中产下30~90枚蛋，精心照料直到幼崽破壳而出。小鳄鱼头几年吃些昆虫、青蛙或者螃蟹，也常常成为其他食肉动物的猎物。

杀人机器

非洲鳄鱼行动缓慢，总是伏击靠近河流喝水的动物。

它们浮在水里的时候，只把眼睛和鼻孔露出水面。为了保持这个状态，它们不得不事先吞下几公斤的石头。这些石头还有另一个作用，就是帮助消化。

看中了猎物，鳄鱼会慢慢地游近，猛冲上去，头和下颌迅速移动抓住猎物。

一旦捕获猎物，鳄鱼就把它拽到水下并不断拍打，直至猎物精疲力尽而死。

如果猎物很大，鳄鱼就转着圈把它的肉撕成一块一块。鳄鱼的牙齿虽然可怕，但并不用来切割或者咀嚼，它们的牙齿只用来抓住猎物。有时猎物大到不能一口吞下，鳄鱼便习惯把剩下的肉藏在水底石头下或者树干的缝隙间，留着之后享用。

鳄鱼下颌的肌肉十分发达。它们咬噬的力气在动物王国足以称王称霸。科学家甚至认为鳄鱼下颌的力量超过了已经灭绝的霸王龙。

蝰蛇

学名：*Vipera berus*

不同种类的蝰蛇都生活在干燥、光照少的多石地区或者草丛里。

蝰蛇是一种颜色颇为丰富的小个头蛇，
它身上的花纹和垂直的瞳孔明显区别于其他蛇类。

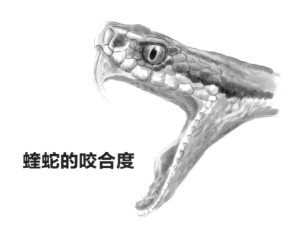

蝰蛇的咬合度

普通蛇的咬合度

在寒冷的月份，蝰蛇冬眠。春天一醒来，雄蛇之间会先来场抢地盘的争斗。这场像跳舞一样的争斗着实算得上实力的较量。

蝰蛇整天隐蔽着，是一种害羞的动物，只有被包围找不到出口的时候才会发起攻击。但凡有出路，它们宁可逃跑。蝰蛇在傍晚出动，捕猎啮齿动物、鸟、蜥蜴和其他小动物。

蝰蛇的毒牙是空心的。毒牙里的通道连接能分泌毒液的腺体，它们的毒液能使猎物神经中毒，并导致其瘫痪。

被蝰蛇咬伤通常并不致命，但对孩子、老人和病人来说，就很严重了。

伤处会很疼，并出现红肿的情况，而且面积有可能扩大。有时还伴随呕吐和晕眩。

千万别像民间流传的那样去吸吮或者割断伤处。最好的办法应该是安抚伤者，对患处消毒并进行冰敷。之后迅速将伤患者转移至医疗中心，让病患得到完全的休息以防止毒液扩散至全身。

有毒的一口

蝰蛇是伏击的专家。它可以长时间一动不动。一旦猎物处于合适的位置，蝰蛇的头部就以飞快的速度冲向猎物，深深插进毒牙并注射毒液。

接着，蝰蛇包覆住猎物，扭动躯体，毒牙保持深陷进猎物的身体，直到毒性发作，猎物不能动弹为止。

蝰蛇的牙很小且向后倾斜，不能用来咀嚼，因此它只能把猎物整个一口吞下。这个缓慢又艰难的操作使蝰蛇饱受被其他食肉动物攻击的威胁。为了避险，蝰蛇得尽早躲到安全的地方，花上几天时间去消化猎物。

蝰蛇经常捕猎比自己体型大的动物。为了吞掉它们，蝰蛇得先把上下颌给卸下来。能这么做，是因为连接蝰蛇上下颌的骨头不是固定在一起的，而是通过韧带相连，非常灵活。

红腹食人鱼

学名：*Serrasalmus nattereri*

食人鱼的大小
相当于人类的手掌。
这种鱼有 20 多种。
有些食肉，比如红腹食人鱼，
不过大多数吃素。

  食人鱼在河流中成群游动的时候，为了搜捕猎物，常常靠近水面。雄鱼腹部呈红色，雌鱼腹部呈黄色，彼此分辨清楚。

  雄性食人鱼父爱爆棚：它们会独自花费 4 到 5 天时间把雌鱼产的 1000 多枚卵孵化成鱼。

  虽然动物杀手的名声在外，其实它们一旦察觉到大型动物或者人类的到来，就会迅速逃之夭夭。食人鱼极少攻击人类，倒是被当地人当成饮食的一部分，即使在满是食人鱼的河里洗澡，当地人也不害怕。食人鱼的牙齿和上下颚还被拿来制作刀子、鱼钩和剪刀。

  自打破卵出壳，食人鱼就表现得像了不起的猎手。刚被孵化的最初几个星期，它们以小型甲壳类动物为食，不过很快就学着捕食大点的动物了。

利牙如尖刀

食人鱼的猎物一般是其他鱼类，不过它们也攻击小型哺乳动物和爬行动物。有人认为食人鱼像鲨鱼一样容易被血腥味吸引，但事实并非如此。食人鱼用一个叫作"侧边线"的器官来感应其他动物在水里移动引起的震动，并据此锁定猎物。动物一旦落水引起水花四溅，就会遭到食人鱼迅速而极其暴烈的袭击。

食人鱼的嘴巴设计堪称完美。下颚比上颚更大

更硬，这让它样子看起来很吓人。

食人鱼的上下颚分别长着一排有点弯的三角形牙齿，它的牙齿又尖又硬，用起来就像手术刀。

每咬一口，食人鱼就干净利索地割下一块肉，没几分钟，它的牺牲品就只剩骨头了。

旱季缺少食物的时候，食人鱼会变得更加大胆好斗，甚至凶残。

七鳃鳗

学名：*Petromyzon marinus*

七鳃鳗是非常原始的鱼类。体表有黏性而无鳞。
它没有鱼刺只有软骨。喉咙里有孔，呼吸的时候，
水通过这些小孔经鱼鳃流出。

七鳃鳗生活在北大西洋
以及欧洲和北美的河流及海边。
七鳃鳗种类繁多，最常见的是海七鳃鳗。

　　七鳃鳗一生分为幼苗和成体两个显著不同的阶段。七鳃鳗在
河里出生，并度过 4 到 5 年的幼苗时期。幼苗时期的七鳃鳗看不
见东西，以水藻为食，长得像蠕虫。长大以后，七鳃鳗变化很大，
外表看起来是鱼的样子，而且去海里生活。再过 3 年，性成熟的
七鳃鳗将再度回到它出生的河流里产卵。它们一生只产一次卵，
产卵之后马上死去。

　　像所有海鱼一样，七鳃鳗得去河里产卵，不过如果河床被水
电站或者水库阻断，它们就很难到达产卵地了。

　　成年七鳃鳗寄生在鲨鱼、三文鱼和鳕鱼等大型鱼类身上，海
豚和鲸鱼等海洋哺乳动物也是它们的宿主。

天然抗凝剂

七鳃鳗用像吸盘一样的嘴吸附在河底或者海底的石头上，以免被水流冲走。饿了的时候，它松开石头，挥舞着像鞭子一样的尾巴，快速扑向猎物。

虽然嘴巴没有颚，没法咬食，但它却能扎透最坚硬的外皮。

七鳃鳗用嘴唇紧黏着猎物，把好几圈超级坚硬的牙齿钉进猎物的身体。

随后，七鳃鳗用舌尖上的利牙在猎物的表皮钻出个洞，再吸吮从猎物伤口里冒出来的鲜血。

七鳃鳗不杀死猎物。它一般在猎物身上待几个小时，吸饱了血就放它走，然后自己回到石头上继续吸附着。不过如果七鳃鳗攻击的是小动物，猎物可能会失血而死。

海星

学名：*Clase asteroidea*

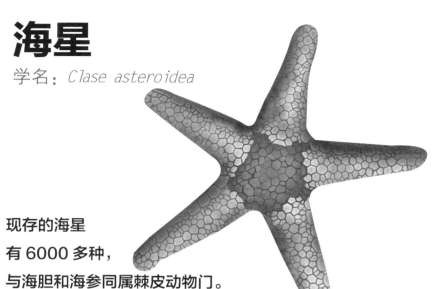

海星属于海底动物，
分布在世界各地的汪洋大海里，
它们通常生活在
从海岸至海底洞穴的海洋深处。

现存的海星
有 6000 多种，
与海胆和海参同属棘皮动物门。

　　海星外观就像星星或者五角星的模样，没有头部和躯干。海星的身体由中心圆盘和围绕它的手臂组成，海星的手臂有 5 到 45 条不等。海星的内脏柔软娇嫩，被钙质小骨片组成的外部骨骼保护着。海星的嘴长在向下的一面，肛门长在向上的一面。

　　海星每年产卵数百万枚，这些卵随波逐流，大部分成为其他动物的食物，只有少数能存活长大。

　　如果食物充足，海星将会大量繁殖并攻击海滩上养殖的软体动物，形成灾害，给水产养殖户造成可观的经济损失。

　　海星具有很强的再生能力。它可以再生出一条丢掉的手臂，如果手臂上存留了中心器官的一部分，甚至能通过这条手臂再生出整个身体。

22

残酷的掠夺者

海星是食肉动物，它们时常在自己的领地悠游。海星使用水力系统进行移动，该系统是一个由充满液体的管子组成的复杂网络。

这些管子与多排称为"管足"的脚相连，脚从海星向下的一面伸出来。海星每只脚的末端都长了一个吸盘，利用它们，海星可以在海底移动或者攻击猎物。

海星可以逮到任何比它小的动物。它最常见的猎物是双壳软体动物。海星依靠触觉捕猎。虽然每条手臂末端长着一只眼睛，但只用来区别黑暗和光亮。

海星找到贻贝，就用手臂把它围住，同时利用管足上的吸盘牢牢吸住贝壳。

之后，它藉由水管系统产生的巨大压力打开贻贝。海星的水管系统相当于重型机械的水力装置。

一旦贻贝的内脏暴露在外，海星便立即分泌消化酶，使贻贝在自己的贝壳里被溶解而死。

最后，海星从嘴里把胃翻出来，吸吮由贻贝身体分解而成的白色蓉状物。

飞蝗

学名：*Locusta migratoria*

飞蝗是蝗虫和蟋蟀科的一种昆虫。
飞蝗很久以前就被人所熟知和畏惧，
它时不时就能形成严重灾害，
摧毁整个国家。

飞蝗主要分布在非洲和亚洲的干旱地区，
如果没形成灾害，
它们通常是一种定居动物。

　　飞蝗和所有昆虫一样，有6条腿。它们后腿很长，肌肉发达，能跳很远。飞蝗还有两对翅膀。外翅坚硬，是抵御外敌的盔甲；内翅精致可展开，用于飞行。

　　飞蝗在潮湿的夏季大量繁殖。这时候，它们支配的少量食物消耗殆尽，它们的外观和举止会发生突变：飞蝗变得更加壮硕而贪食，数百万只飞蝗像云层一样，成群掠过几百公里，所经之处，一切植物被吞噬一空。

　　蝗群规模可达到数百平方公里，每平方公里有5000万只飞蝗。一群飞蝗一天能移动100公里。

　　对于当地居民来说，飞蝗对庄稼造成的危害是灾难性的。对抗蝗灾难度很大，必须定位它们繁殖的地点，向地面和空中喷洒杀虫剂。

致命灾害

飞蝗的嘴巴构造复杂，由多个连续作业的接片组成，犹如一条工业装配线。用这些接片，飞蝗可高速割断并咀嚼植物的叶、花、茎。

飞蝗用长在唇下的两个有力的下颚拔起大块植物，并用上颚咀嚼直至产生浓浆。

飞蝗用触须把食物从下颚输送到上颚，并最后投入喉咙里。飞蝗的触须类似极其细小的手指，它们敏感而灵活。触须和下颚的动作快速又高效。

每只飞蝗都能几小时不停地吃，并且在一天之内吞噬掉和它自重相等的植物。

尖音库蚊

学名：*Culex pipiens*

尖音库蚊很常见，

是一种很小很脆弱的昆虫，

它有 2 只翅膀，6 条长腿。

世界上的蚊子有 3000 多个种类，

大部分食素不叮咬。

尖音库蚊分布在
除了南极洲以外的世界各地，
它们生存在水塘、死水，
甚至脏水、厕所或者黑井的附近。

    蚊子短暂的一生经历了完全变态。雌性尖音库蚊每次在水面上产下 200 到 300 枚卵。从蚊子卵里孵出的孑孓（蚊子的幼虫）在变成成虫之前都生活在水下。这一时期，它们以植物和小动物为食。长成之后，它们浮出水面，展开翅膀开始飞行。

    蚊子的成虫活着只是为了生育产卵以延续后代。

    某些蚊子的叮咬会传播脑炎、黄热病或者疟疾等严重疾病。发达国家这些疾病控制得很好，但在贫困国家，尤其是非洲国家，会给人民带来灾害。

叮人的母蚊子

公蚊子吃素，像蝴蝶一样以吸吮植物的花蜜为生。繁殖期公蚊子成群结伙寻找雌性同类。

讨厌的嗡嗡声和烦人的叮咬为母蚊子所独有。它们需要血液来滋养蚊卵，鲜血比植物的汁液更有营养。

蚊子攻击"热血动物"，鸟类是它们的最爱，不过哺乳动物包括人类也是它们攻击的目标。它们凭借视觉、嗅觉和对方散发的热气寻找猎物。

母蚊子的嘴比公蚊子长好多，方便它履行职能：它的嘴是一根很细的空心刺，叮咬的时候很难被察觉，而且基本不会产生痛感。

蚊子叮咬的时候，会通过细管注射含有抗凝剂的唾液，这能帮助它们消化、吸吮血液。这也是被叮咬后，猎物表皮产生疼痛红肿的原因。

每只母蚊子需要叮咬 4 到 7 次，来获得养育体内蚊卵足够的血液。

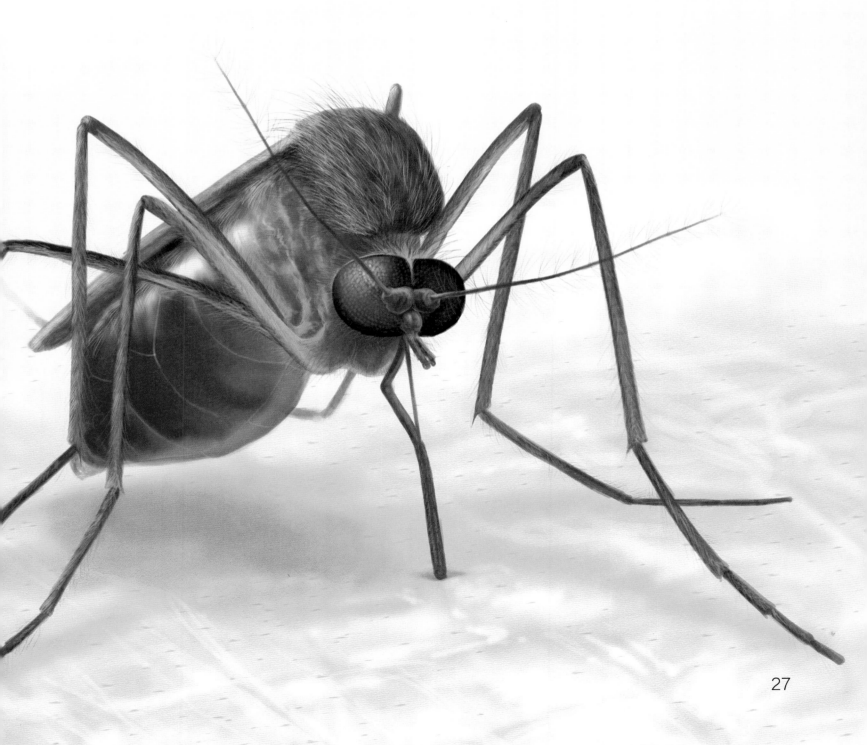

档案卡

04
食蚁兽
Myrmecophaga tridactyla

奇闻异事

食蚁兽是体温最低的哺乳动物，只有 32.8 摄氏度。

一旦感到威胁，它就用后爪站立，勇猛地攻击。

长度	重量	寿命	食物	灭绝 | 受到威胁 | 濒危
1.30 米	40-50 公斤	15 年	掠食者，食昆虫	EX EW CR EN VU CD NT LC

06
座头鲸
Megaptera novaeangliae

奇闻异事

新生幼鲸长 5 米，重 2 吨。

往返于热带繁殖区和极地觅食区之间，座头鲸一年可游泳 25000 公里。

长度	重量	寿命	食物	灭绝 | 受到威胁 | 濒危
16 米	40 吨	50 年	滤食动物，小噬细胞	EX EW CR EN VU CD NT LC

08
吸血蝠
Desmodus rotundus

奇闻异事

吸血蝠是唯一一能走能跑能跳的蝙蝠。

吸血蝠唾液里含有的抗凝剂成分是一种叫作"德拉库利纳"的糖蛋白。

翼展	重量	寿命	食物	灭绝 | 受到威胁 | 濒危
30-40 厘米	15-50 克	12 年	吸血	EX EW CR EN VU CD NT LC

10

鸭嘴兽

Ornithorrhynchus anatinus

奇闻异事

　　雄性鸭嘴兽后脚上长有一根毒刺，是唯一释放毒素的哺乳动物。

　　鸭嘴兽大小便和生育是同一出口。

长度	重量	寿命	食物	灭绝 ┃ 受到威胁 ┃ 濒危
40-50 厘米	4 公斤	20 年	杂食	EX EW CR EN VU CD NT LC

12

火烈鸟

Phoenicopterus ruber

奇闻异事

　　火烈鸟用 7 种表情和多种呼叫声来识别鸟群中的伴侣。

　　为减少空气阻力，火烈鸟群常在飞行中排成人字型。

翼展	重量	寿命	食物	灭绝 ┃ 受到威胁 ┃ 濒危
1.6 米	2-3 公斤	40 年	滤食动物,小噬细胞	EX EW CR EN VU CD NT LC

14

非洲鳄鱼

Crocodylus niloticus

奇闻异事

　　鳄鱼在古埃及被当作神祇，坟墓里常常可见鳄鱼木乃伊。

　　鳄鱼的名字来源于希腊语"石头"与"蠕虫"的合体。

长度	重量	寿命	食物	灭绝 ┃ 受到威胁 ┃ 濒危
5 米	500 公斤	50 年	掠食者, 食肉	EX EW CR EN VU CD NT LC

16

蝰蛇

Vipera berus

奇闻异事

　　蝰蛇属于卵胎生动物：像鸟类一样，它们在卵内发育，但却在妈妈的身体里孵化，继而出生。

　　50% 以上的蝰蛇咬伤是不含毒素的。

长度	重量	寿命	食物	灭绝 | 受到威胁 | 濒危
50-70 厘米	60-100 克	15 年	掠食者，食肉	EX EW CR EN VU CD NT **LC**

18

红腹食人鱼

Serrasalmus nattereri

奇闻异事

　　由于繁殖力强，红腹食人鱼被广泛养殖于水族馆中。

　　只有被渔民捕捞的时候，食人鱼才会咬人。

长度	重量	寿命	食物	灭绝 | 受到威胁 | 濒危
30 厘米	1 公斤	10 年	掠食者，食肉	EX EW CR EN VU CD NT **LC**

20

七鳃鳗

Petromyzon marinus

奇闻异事

　　七鳃鳗是北美洲的灾难，常寄生于三文鱼等鱼类身上。

　　有些国家把七鳃鳗当作美味的食物。法国的波尔多和西班牙的加利西亚用它的血和肉一同入菜。

翼展	重量	寿命	食物	灭绝 | 受到威胁 | 濒危
1 米	1 公斤	8 年	寄生，吸血	EX EW CR EN VU CD NT **LC**

22
海星
Clase asteroidea

奇闻异事

　　海星手臂里面有睾丸和卵巢。

　　在感到危险或遭遇强敌之时，海星会自断一条手臂以自保。

长度	重量	寿命	食物	灭绝 | 受到威胁 | 濒危
视情而定	视情而定	视情而定	掠食者，食肉	EX EW CR EN VU CD NT LC

24
飞蝗
Locusta migratoria

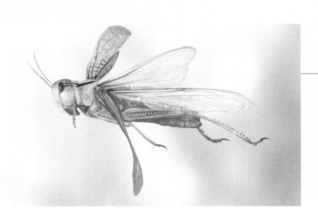

奇闻异事

　　雄性飞蝗有发声器官，在夜晚鸣叫。雌性飞蝗不会发声。

　　飞蝗可作为养殖鸟类和爬行动物的食物。

翼展	重量	寿命	食物	灭绝 | 受到威胁 | 濒危
3-6 厘米	2 克	40 天	食草	EX EW CR EN VU CD NT LC

26
尖音库蚊
Culex pipiens

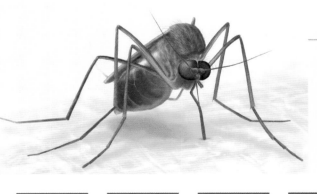

奇闻异事

　　尖音库蚊是检验附近水源是否被污染的生物指标。

　　尖音库蚊每分钟可扇动翅膀 1000 次，以 2.5 公里的时速飞行。

翼展	重量	寿命	食物	灭绝 | 受到威胁 | 濒危
2 厘米	2 毫克	4-5 天	吸血、食草	EX EW CR EN VU CD NT LC

图书在版编目（CIP）数据

神奇动物：全6册．独特嘴巴／（西）舒利奥·古铁雷斯著；（西）尼古拉斯·费尔南德斯绘；林雪译．——北京：中国友谊出版公司，2020.12
ISBN 978-7-5057-5016-6

Ⅰ．①神…　Ⅱ．①舒…　②尼…　③林…　Ⅲ．①动物－儿童读物　Ⅳ．① Q95-49

中国版本图书馆 CIP 数据核字 (2020) 第 202395 号

著作权合同登记号 图字：01-2020-6956
Animales Extraordinarios Series: Bocas
Text Copyright 2008 by Xulio Gutiérrez
Illustration Copyright 2008 by Nicolás Fernández
First published in Spain by Kalandraka Editora
Translation copyright 2021, by Beijing Creative Art Times International Culture Communication Company
This series is published in simplified Chinese as a set of 6 titles, arranged through CA-LINK International LLC

书名	神奇动物：独特嘴巴
作者	[西班牙] 舒利奥·古铁雷斯
绘者	[西班牙] 尼古拉斯·费尔南德斯
译者	林雪
出版	中国友谊出版公司
发行	中国友谊出版公司
经销	新华书店
印刷	北京中科印刷有限公司
规格	710×1000毫米　8开 4印张　43千字
版次	2021年4月第1版
印次	2021年4月第1次印刷
书号	ISBN 978-7-5057-5016-6
定价	198.00元（全6册）
地址	北京市朝阳区西坝河南里17号楼
邮编	100028
电话	(010) 64678009

版权所有，翻版必究
如发现印装质量问题，可联系调换
电话　(010) 59799930-601

神奇动物

生命初始

NACER

[西班牙] 舒利奥·古铁雷斯　著　[西班牙] 尼古拉斯·费尔南德斯　绘　林雪　译

中国友谊出版公司

生命之树

脊椎动物

棘皮动物

节足动物

软体动物

环节动物

刺胞亚门动物

多孔动物

出品人：许　永
责任编辑：许宗华
特邀编辑：何青泓
责任校对：雷存卿
封面设计：海　云
内文排版：万　雪
印制总监：蒋　波
发行总监：田峰峥

实例

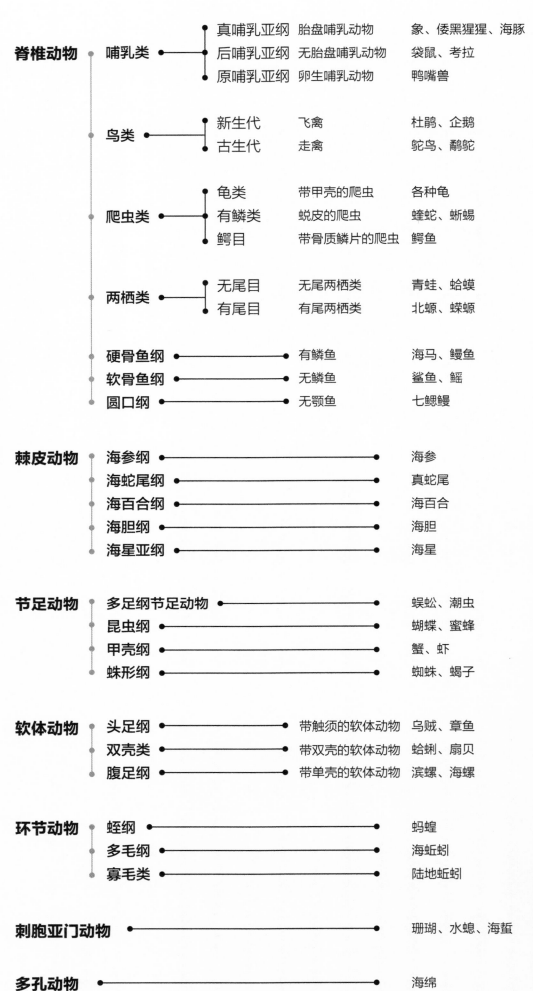

脊椎动物	哺乳类	真哺乳亚纲	胎盘哺乳动物	象、倭黑猩猩、海豚
		后哺乳亚纲	无胎盘哺乳动物	袋鼠、考拉
		原哺乳亚纲	卵生哺乳动物	鸭嘴兽
	鸟类	新生代	飞禽	杜鹃、企鹅
		古生代	走禽	鸵鸟、鹬鸵
	爬虫类	龟类	带甲壳的爬虫	各种龟
		有鳞类	蜕皮的爬虫	蟒蛇、蜥蜴
		鳄目	带骨质鳞片的爬虫	鳄鱼
	两栖类	无尾目	无尾两栖类	青蛙、蛤蟆
		有尾目	有尾两栖类	北螈、蝾螈
	硬骨鱼纲		有鳞鱼	海马、鳗鱼
	软骨鱼纲		无鳞鱼	鲨鱼、鳐
	圆口纲		无颚鱼	七鳃鳗

棘皮动物	海参纲	海参
	海蛇尾纲	真蛇尾
	海百合纲	海百合
	海胆纲	海胆
	海星亚纲	海星

节足动物	多足纲节足动物	蜈蚣、潮虫
	昆虫纲	蝴蝶、蜜蜂
	甲壳纲	蟹、虾
	蛛形纲	蜘蛛、蝎子

软体动物	头足纲	带触须的软体动物	乌贼、章鱼
	双壳类	带双壳的软体动物	蛤蜊、扇贝
	腹足纲	带单壳的软体动物	滨螺、海螺

环节动物	蛭纲	蚂蟥
	多毛纲	海蚯蚓
	寡毛类	陆地蚯蚓

| 刺胞亚门动物 | 珊瑚、水螅、海蜇 |

| 多孔动物 | 海绵 |

生命初始

神奇动物

栖息在地球上的动物，种类繁多，令人惊奇。这是因为，物种进化适应了各种各样的环境：从最温暖的地方到最不宜居住的地方，从喜马拉雅山高峰到太平洋深渊，从寒冷的极地冰层到酷热的沙漠。

每个物种都有一个适应其生存条件的独特出生方式。繁殖的目的是一代接一代传承其遗传基因。这样，

物种得以永世长存。

我们在本书中可以看到这些动物是怎么诞生的。有的动物是胎生，有的动物是卵生；有的动物子女众多，可对它们不管不顾；有的动物后代不多，对它们却细心照料，而且时间漫长。

繁殖的策略多种多样，其目的都是为了让后代处在得以自力生存的有利条件中。

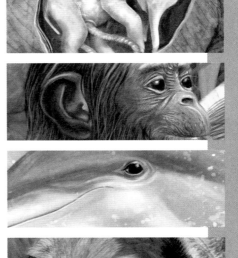

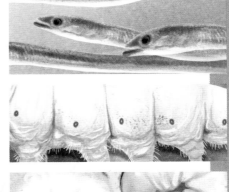
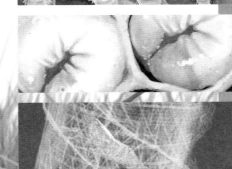

非洲象

学名：*Loxodonta africana*

最大的陆地动物。
与印度象比较，
它体型更大。
有两只巨大的耳朵，
门牙也更长。

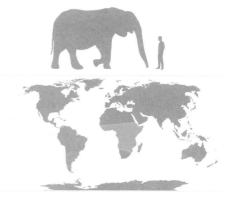

栖息在非洲中部和南部。
现在非洲象生活得十分分散、零落。

　　非洲象行走在大草原上，寻找水和食物。最老的母象经验丰富，更熟悉地下含水层的情况，负责率领象群。它决定什么时候，朝什么方向开始行进。它还负责维持群体内的良好关系。

　　象群由数头彼此有亲缘关系的母象和幼崽组成。公象成年后即离开象群，从此独立，并独自生活。

　　大象通过声音，还通过象鼻的姿势进行交流。把鼻子伸进嘴巴，或者用鼻子触碰耳朵，就表示屈服顺从；举起鼻子，说明紧张不安；要是把鼻子紧紧贴住胸部，那就表明它要发起攻击了。

　　同一个群体的大象十分团结。要是哪头象病了，其他的象就不再在它身边随便活动。如果哪头死了，群体内别的象会在它身旁待上好几天，用鼻子亲抚它，还不安地吼叫。

漫长的孕期

当一头母象进入发情期时，会发出超声波，公象在15公里之外都能听到。于是，它们便匆匆赶来，彼此争斗，只有胜者才有权与母象交配。

在所有的哺乳动物中，母象的怀孕期最长：22个月。生下的幼崽通常高1米，重约115公斤。

母象是站着分娩的，生产十分艰难。小象一生下来，便立即轰然垂地。母象用鼻子将胎盘扔走，帮助小象站立起来。这时候，象群中的其他成员便围着母子，保护它们，以免受掠食者的侵犯。

接着，所有的大象都用鼻子碰碰幼象，吸闻它的气味，承认它为群体的一位新成员。

直到幼象能跟上象群的节奏，领头母象才允许群体重新开始行进。大象幼年时期，面对狮子、鬣狗和花豹的袭击，十分脆弱。因此，整个象群对幼崽极其关注。如有急需，会全力以赴拼命加以保护。

幼象喝母奶会持续到5岁。不过，从6个月起，幼象就开始遍尝各种植物，辨认什么可以食用，什么应该回避。

倭黑猩猩

学名：*Pan paniscus*

只栖息在中非洲的刚果河之南，多林、潮湿的狭窄地带。

倭黑猩猩和黑猩猩，
是最接近人类的物种。
它们 98% 的 DNA（脱氧核糖核酸）
与人类一致。

争斗，体型比母猩猩大，也更强壮。不过，掌权的却是母猩猩，因为它们有本事让群体迅速安定下来。

倭黑猩猩的社群生活十分复杂。它们通过声音、表情和姿势彼此交流沟通。有些被抓获饲养的倭黑猩猩竟学会了 400 个词汇，能用一种有一定词汇量的键盘与人交流。

倭黑猩猩是杂食性动物。主要以水果和叶子为生，有时也捕捉蚯蚓和昆虫之类的小动物。有时还会偷袭鸟窝取蛋。

今天，野生倭黑猩猩已不足 1 万只。由于其生存环境的破坏和人类偷猎，该物种已濒临灭绝。

倭黑猩猩比普通黑猩猩瘦小。它们后腿更长，更经常在地上挺立行走。

倭黑猩猩这种动物安静平和。它们习惯群体生活，每群 50 多只，建立的社群关系十分紧密。公猩猩常常

接近人类

倭黑猩猩性事特别频繁，从来没有固定的伴侣。雌猩猩往往每四五年生产一次。怀孕期历时 8 个月。产下的幼崽重不足 2 公斤。很少产下数崽。

雌猩猩感到分娩临近时，会去寻找一个僻静处所，躺倒在地。一头倭黑猩猩的诞生与一个人类孩子的降世十分相像，不过，会更容易，更轻快。

雌猩猩生产的时候，族群所有成员都好奇地聚拢过来，欢迎新生儿降临。随后，族群成员，特别是雌猩猩，都来帮助"母亲"照料幼崽。

幼崽吃奶要持续到 3 岁，不过，第三年会开始吃些植物。到这个岁数，幼崽已经可以独立了，但它一生都会与母猩猩保持非常密切的关系。

倭黑猩猩 8 至 10 岁之交会到达青春期，举止行为都更显成年。这时候，雌猩猩便离开族群，寻找另一个族群，以免近亲结合。

海豚

学名：*Tursiops truncatus*

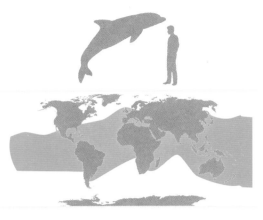

最聪明、最善于交往的鲸目动物。
极易驯养。

　　海豚的视力极佳，常游到水面观察它感兴趣的一切，比如船只和游泳的人。

　　它不靠视力捕猎，靠的是被称作"回声定位"的一种感觉：发出人类觉察不到的若干声音。这些声音所产生的回声，让它们得以发现和捕获即便是埋伏在海底沙砾里的猎物。

　　它靠前额上一个叫作"脑袋瓜"的又圆又富含脂肪的器官发出这些声音。为了收集这些声音的回声，它运用其内颚里与耳朵连接在一起的巨大骨骼，作为它的扩音器。

在大海里降生

海洋哺乳动物像人类一样，有肺，呼吸需要空气。因此，海豚的生产十分复杂。

分娩开始收缩的时候，母海豚游上水面呼吸，一面猛力摆动身子，以便加快幼豚出生。收缩次数越来越频繁，越来越剧烈，直至幼豚出生的那一刻。先出来的是尾巴，最后是脑袋。这样，幼豚通过脐带从母豚那里接受氧气，直到分娩完毕。

从那时起，幼豚只有几秒钟的时间游上水面，

第一次吸气。如果吸不上氧气，便会窒息而死。所以，母豚就待在幼豚下面，用脑袋轻轻推动它，让它在水面停留几分钟，得以呼吸。

海豚的降生是一个非常微妙棘手的时刻，它们母子在这时要面临掠夺者的可能袭击，处境十分危难脆弱。一切必须在短短几分钟里解决，因为分娩时流出的鲜血可能招致距离非常遥远的鲨鱼。

红袋鼠

学名：*Macropus rufus*

袋鼠有数种。
红袋鼠
是体型最大的。
它有两条强健的后腿，
一条有力、肌肉发达的尾巴，
得以大步跳跃、走动。

栖息在澳大利亚中部
辽阔的平原上，
干燥的树林、草原，
甚至灌木、树林稀少的沙漠中。

　　袋鼠由一头领头的大袋鼠掌控，过着群体生活。繁殖期间，雄袋鼠你争我斗，仿佛拳击手似的挥拳击打。有时候，还用尾巴撑地，用后腿打击对方。只有胜者才能与雌袋鼠交配。

　　袋鼠十分适应干燥、炎热的生活环境。它们每天大部分时间都在树荫下睡觉，夕阳西下时分便出来吃草和别的植物，一直要吃到翌日拂晓。

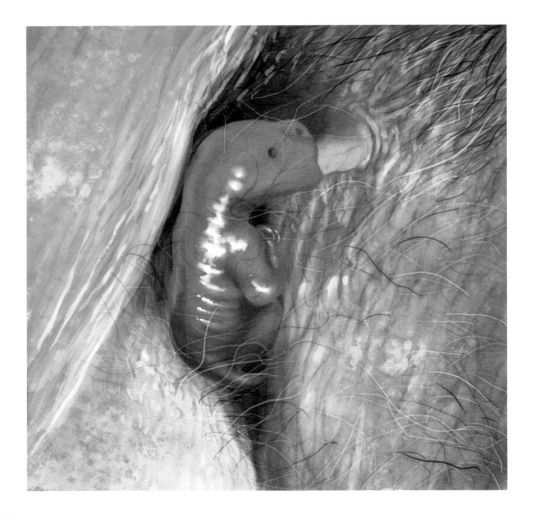

活动摇篮

幼袋鼠一生下来，就开始踏上一段非常危险的旅途。它爬上妈妈的肚皮，有力的爪子紧紧抓住妈妈的皮毛。接着，只需凭借嗅觉和触觉，便能找到育儿袋的入口。如果进不了育儿袋，或者掉在地上，那它就必死无疑，它母亲不会去救它的命。这就保证了最强壮的幼崽存活下来。

一进入育儿袋，幼崽会吮吸妈妈四只奶头中的一只。奶头在幼崽嘴里渐渐胀大，幼崽松不了口。这么一来，妈妈大幅度跳跃、活动，幼崽都掉不下来。

幼崽要在育儿袋里发育 7 到 10 个月。只有在最后几周，它才时不时地出来，察看周边环境；不过它胆小异常，很快就返回袋内。

有的幼崽往往在它的兄姐独立之前就诞生了，这时候，它们就得好几个星期共享一个育儿袋。

杜鹃

学名：*Cuculus canorus*

是一种体型与鸽子一样大小的禽鸟。
适应大部分生态环境。

它是候鸟，
在欧洲和亚洲度夏，
冬季便迁徙到非洲东部。

五六月之交，杜鹃来到欧洲。雌杜鹃会用好几天时间观察有哪几对禽鸟夫妇正在筑巢。等自己下蛋的时候，它便利用那对夫妇漫不经心的时刻，把自己的一个蛋下在巢里。杜鹃总先比巢内它的其他伙伴破壳而出。蛋壳一破，它便本能地把它旁边的鸟蛋和雏鸟驮在背上，拱出巢外。

在大多数情况下，它的养父母并不知情，总像对待自己孩子那样喂养杜鹃。不过，有时候，也会发现上了当，于是就遗弃那个地方，离那儿远远的，再建一个新巢。

杜鹃这种禽鸟，生性胆怯，隐秘在树叶之间栖息，轻易看不到，不过能听得到。雄杜鹃用它极富特色的"咕咕"叫声划定它的狩猎领地。

残酷的骗局

通常，养父母比杜鹃的雏鸟体型要小得多，因此，它们提供不了它充足的食物。一旦发生这种情况，杜鹃就张开它巨大的鸟喙，绝望地啼叫，迫使养父母给它带回更多的吃食。有的养父母往往是食用谷物的禽鸟，而杜鹃是吃昆虫的，没法正确喂养这个雏鸟。

杜鹃是 300 多种鸟类的"寄生虫"，诸如此类的，还有田鸫、白鹡鸰、红尾鸲等。杜鹃每个季节会把 20 多个蛋下在别人的巢里，为的是确保总有一只雏鸟得以存活。通常，它们会选择把它们抚养长大的同一种鸟类的巢窝。

帝企鹅

学名：*Aptenodytes forsteri*

企鹅是鸟类，
鳞片似的羽毛，
遍及全身。
帝企鹅
在所有的企鹅中体型最大。
脸部两侧有橙色斑纹，
是它的特色。

仅仅栖息在南极洲沿海地区。
其雏鸟的地盘，在该洲的内陆，
离大海达 90 公里之遥。

南半球短暂的夏季，它们无止息地捕鱼，积累大量脂肪。当严寒将至，成千上万头帝企鹅便举止笨拙地跋涉数百公里，来到山谷，躲避极地刮来的强风。

它们在那儿寻找去年的伴侣。它们礼仪繁多：鸣叫、拍打翅膀、跳跃、点头等，彼此问候致意。

帝企鹅是一个硕大的掠夺者。它状似导弹，滑动强健有力的双鳍，游动极其迅速。它不用呼吸可以维持 20 分钟之久，因此得以潜入 300 多米的深海，捕捉软体动物、小型鱼类和甲壳动物。

为了抵御南极冬季的严寒，帝企鹅除了皮下拥有厚厚一层脂肪之外，还采取了一种奇特的办法：成千上万头帝企鹅组成十分紧密的群体，相互取暖。它们的体温能在内部区域保持 20 摄氏度左右，而外部区域，则可能会达到零下 40 度，还伴随着每小时 200 公里的凛冽寒风。

降生在零度以下

交尾之后，雌企鹅会在雄企鹅爪上产下一枚将近半公斤的大蛋。如果蛋碰到地面，尽管只有短短的几秒钟，也会马上冻结。所以，雄企鹅必须将蛋搂进自己两爪之间仿佛袋子一般的皮褶里，并在那儿孵化。雄企鹅组成一个密集的群体，不动窝，也不进食，要待上两个月，保护鹅蛋。这时候，雌企鹅将回到大海，补充营养。

雏鹅于隆冬降生。在袋子和爸爸爪子的庇护下，它破壳而出。父亲吐出反胃在喉中的一种白色物质喂养雏鹅。雌企鹅回来后，尽管各自的伴侣在数百头同时鸣叫的企鹅之中，它们还是能辨认出来。

雄企鹅小心翼翼地把雏鹅交给雌企鹅，与当时雌企鹅把蛋交给它一模一样。雌企鹅用储存在嗉囊里的鱼喂雏鹅。这时候，该轮到雄企鹅下海捕鱼了，几个月没有进食，它也该恢复体能了。过了几个星期，它再次回到伴侣身边，一起照顾孩子。

南极的春季，雏鹅聚集成一个个小小的群体，仿效它们父辈的招式，为的是学习行为准则，抵御南极猛禽。南极初夏，雏鹅长为成鹅，它们便开始第一次迁徙，到海岸去。从此，它们就该独立生活了。

青蛙

学名：*Ranidae*

青蛙是两栖动物，
成年后掉落尾巴。
它跟蛤蟆，
还有其他带尾巴的物种如蝾螈、北螈等，
沾亲带故。

除了南极洲
以及极其干旱贫瘠的沙漠，
它们的踪影遍及全世界。
它们生活在
潮湿的地区和靠近水的地方。

　　青蛙和大部分两栖动物一样，没有牙齿，也没有爪子，是弱小动物。它带有绿色和褐色斑块的皮肤用以伪装、隐蔽，来往不易被觉察。它经常是许多掠食者如鱼类、爬虫、禽鸟和哺乳动物的猎物。

　　有的青蛙皮上分泌一种剧毒，往往颜色鲜艳，警告掠夺者它们是有毒的。

　　亚马孙河一些青蛙的毒液十分猛烈，仅仅一只青蛙的毒就足以毒死 1500 个人。南美丛林里的土著人用来制作毒箭。

　　两栖动物十分谨慎。它们要让皮肤保持湿润，以免脱水而亡。河水污染以及气候变化对它们影响极大。这一动物群体是最容易因气候变化而濒临灭亡的物种之一。

两种生活

繁殖期间，雄蛙鼓起嗓囊，不断鸣叫，吸引雌蛙。它会不停地"咯咯"鸣叫，等找到对象才罢休。这时，雄蛙会爬到雌蛙背上，使劲抓住，然后两者分别在水中释放性细胞，即精液和卵子。

几分钟后，受精卵子形成一团胶状物体，黏附在岸边的草和水藻上。

卵子无需父母照料，渐渐成熟。青蛙的胚胎依靠卵黄的营养成分存活。

出生时，青蛙幼体的形状像条鱼，叫作蝌蚪。这个阶段，它不出水面，用腮呼吸，通过坚硬的牙齿啃食水生植物的表皮为生。

它慢慢发生变化。首先，它长出后腿，活动更趋灵活。稍后，又长出前腿，尾巴渐渐缩小，最后完全消失。

这一变化过程叫作"变形"。等青蛙没有了腮，变形终止，它便用肺呼吸；这时候，它也可以离开水生活了。

海马

学名：*Hippocampus*

一种小型鱼类，
它划动背鳍，
垂直游弋。
有一条螺旋形的、用于捕捉的尾巴，
得以抓住水藻。

栖息于地中海及东大西洋
水面平静地区。
生活在沙砾遍布的海底平原
30多米的深处。

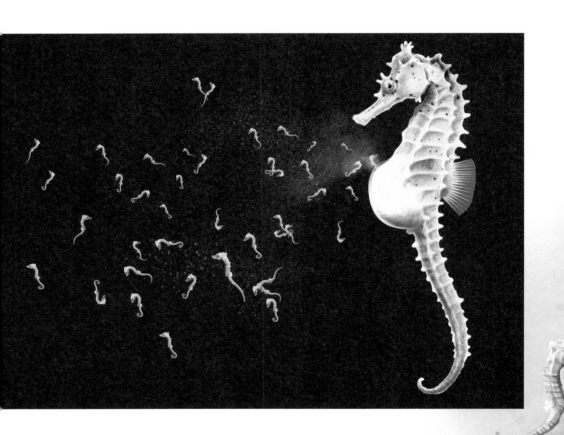

海马行动缓慢，很难从比它体型大得多的诸如螃蟹、章鱼或其他食肉鱼类等掠食者那里逃逸。

它隐藏在水藻里，纹丝不动，不易发现。它仅仅活动两只彼此独立的眼睛，仔细察看环境，寻觅食物。

每当浮游生物的小小机体在它前面经过，它便迅速摇动脑袋，把嘴巴射将出去，吸住猎物。它没有牙齿，不经咀嚼，便囫囵吞下。

海马正遭受着一场滥捕。美丽的品种被活活捕获，养在水族缸里，或者制成标本，作为装饰品。有的品种则用来入中药。所以，海马有九个品种被自然科学国际联盟列为"濒危品种"，一个被列为"易遭袭击品种"。

父亲怀孕

繁殖期间，每当海马寻找伴侣时，都要举行一场繁琐的求爱仪式。它们彼此绞住尾巴，在水藻之间翩翩起舞。

随后，雌海马把数十枚卵子注入雄海马腹部的袋子里。雄海马对卵子授精，孵化达数周之久。

根据海马品种的不同，胚胎发育的时间也不尽相同，约在 10 天到 2 个月左右。

直到小海马从父亲的袋子里破壳而出，分娩就开始了。父亲开始扭曲身子，极其剧烈地抖动和抽搐，一直到把孩子从袋子的开口排出体外。

分娩可能会历时数小时，这时雄海马已然筋疲力竭。

小海马出生伊始，长仅 1 厘米，不过已经完全独立了。

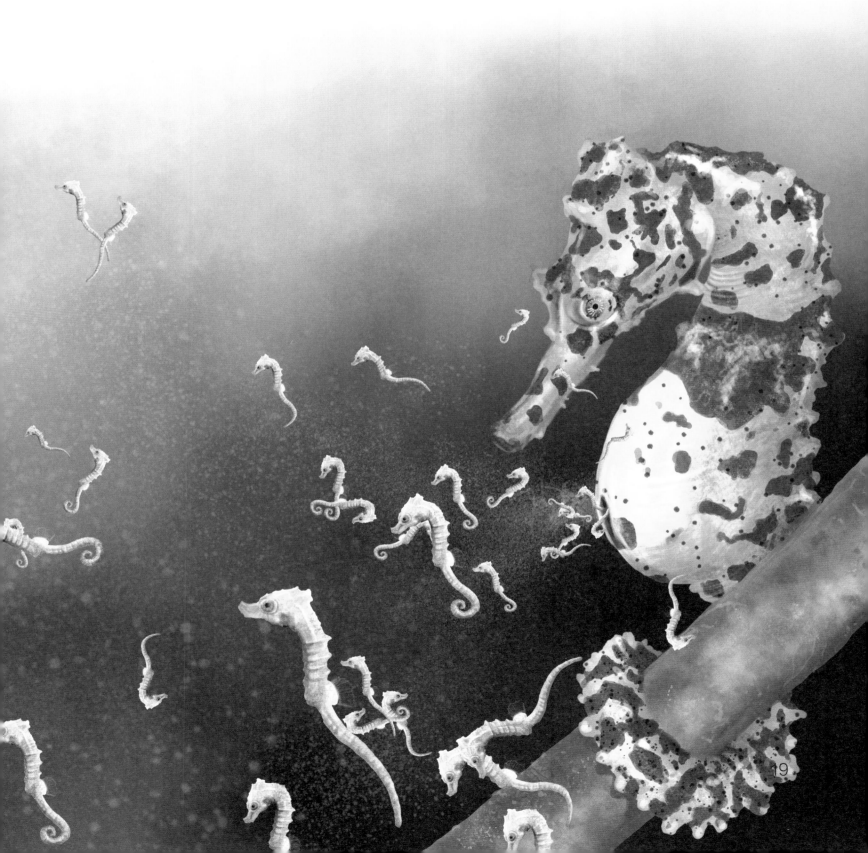

鳗鱼

学名：*Anguilla spp.*

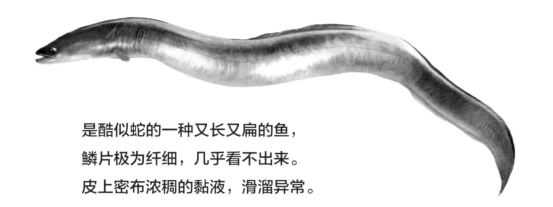

是酷似蛇的一种又长又扁的鱼，
鳞片极为纤细，几乎看不出来。
皮上密布浓稠的黏液，滑溜异常。

生活在北大西洋海岸，
以及汇入这片海洋的河流里。

鳗鱼十分贪婪，什么猎物都吃。白天，它隐蔽在石头和水藻之间，夜晚出来捕食。

滥捕猎物，兴建水库，水质污染，河滩水位下降以及自然栖息环境恶化，对它都构成了威胁。它最大的天敌是水獭。

有两种鳗鱼：欧洲鳗鱼（*Anguilla anguilla*）和美洲鳗鱼（*Anguilla rostrada*）。两种都栖息于大西洋一个海岸。

鳗鱼到了性成熟阶段，便迁徙到大西洋中段的马尾藻海面。对于一些鳗鱼来说，这是一次 5000 多公里的长途跋涉，历时可能长达 3 年。这段时期，它们需靠预先储存在体内的脂肪生存。

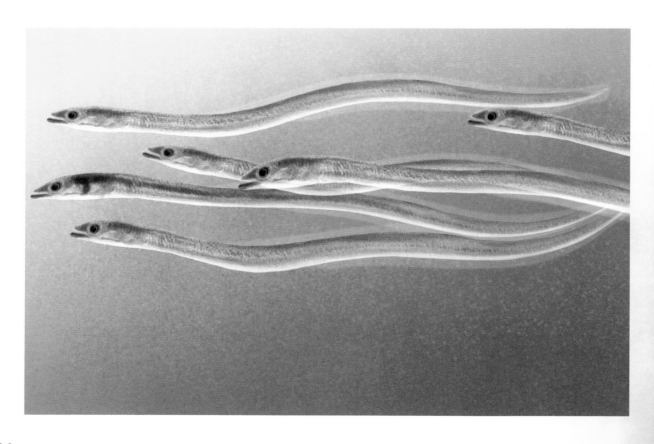

大航海家

春天伊始，成千上万条鳗鱼聚集在深达 2000 米的马尾藻海海底。雌鱼在沙砾上产下多达 2000 万颗鱼卵，雄鱼对准卵子射精，使其受精。产卵之后数小时，父鱼及母鱼便双双死亡。

鱼卵浮上水面，在水里漂游。大部分都被掠食者吞吃。存活下来的扁平、透明的幼鱼脱颖而出，被叫作鳗苗。它们立即朝向它们父辈原本出发的同一个海岸，踏上回归之路。

游向北美洲的，需历时 1 年才能抵达；而朝向欧洲的，则需 3 年。它们组成巨大的鱼群，吞吃浮游生物为生。到达目的地的时候，它们已经成长为鳗鱼了。

紧接着，它们便游进一条河流的河口，要在那儿生活 3 年，成为小鱼、软体动物和其他无脊椎动物的克星。从这时起，它们不断生长，直到变为黄鳗鱼。

之后，它们深入河流。雄鳗鱼要在那儿生活 6 到 12 年，雌鳗鱼则生活 9 到 20 年。

性成熟之后，它们便朝马尾藻海开始新的迁徙，以完成它们的生命循环。

蚕蛾

学名：*Bombyx mori*

蚕蛾这种蛾子短短胖胖，
属飞蛾科。
也叫作丝蚕。

原产亚洲北部，
数百年以来，
已不在野生环境中生存。

　　蚕蛾的幼虫外表仿佛蛆虫一般。在这一阶段的 30 天时间里，
它们不停地吞噬桑叶，因为在它们的余生中，不会再吃别的什么
东西了。

　　蚕腹部的分泌腺会分泌一种液体，一与空气接触，就立即凝
固，转化成丝。每个蚕茧由一根丝结成，长可达 900 米。

风度翩翩的织娘

蚕蛾与其他昆虫一样，要忍受它生命的四个阶段的变形：卵，蚕，蛹，蛾。

蚕卵在春天孵化，蚕破卵而出。从每颗卵子出来一条颜色灰暗的幼虫，小家伙一出来便立即吞噬起桑叶来。

它每星期要进入几小时的睡眠期，以便把紧裹它身子、妨碍它生长的皮蜕掉。每蜕一次皮，它便会形体增大，颜色变换。大约 30 天之后，就会变成一条胖乎乎、肉嘟嘟的蚕，长约 8 厘米。

这时候，它会去寻找一个僻静的处所，黏贴在一根枝条或者一片叶子上。整整 4 天，它一次又一次地转动自己的身躯，同时，分泌出一根纤细至极的丝线来。用这种办法，它把自己紧紧包裹起来，很好地保护了自己。这就是蚕茧。

蚕蛹在茧子里要生活两三周，经受内部器官的深刻变化。

成熟期结束，蚕蛾便破茧而出。接着，它便慢慢张开双翅，飞出来。

它成虫的生命极其短暂，只有两三天。这一时期，它会在桑树之间慢慢腾腾地盘旋飞舞，直到找到伴侣，完成交配。数小时之后，雌蛾产卵，稍后，雄蛾和雌蛾相继死去。

蚕卵会有 10 个月的静止状态，直到翌年春天来临。蚕卵的孵化标志着一个新的轮回的开始。

蜜蜂

学名：*Apis mellifera*

蜜蜂跟蚂蚁和黄蜂一样，
是膜翅目
的一种昆虫。
自远古以来，
被用来获取蜡和蜜。

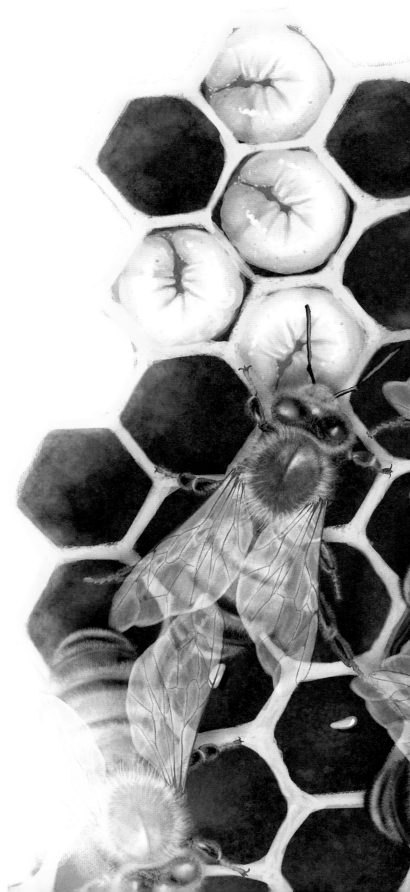

原产欧洲、
非洲和亚洲部分地区。
由人类从
美洲和大洋洲引进。

有三种蜜蜂：

工蜂是不会生育的雌蜂，操持蜂房里的所有劳作。它们用生产的蜡来建造蜂房，打扫卫生，寻找食物，产蜜，伺候蜂王。每一个蜂房，生活着 3 万至 7 万只工蜂。

惰蜂（见上图）是雄蜂。比工蜂体型大。寿命3 个多月。工蜂提供它们食物，它们自己没有能力。雄蜂离开蜂房，去寻找一个要举行飞行婚礼的蜂王，并与之交配。交配之后，雄蜂随即死去。

蜂王（被工蜂团团围住，见右图）是蜂房内唯一有生殖能力的雌蜂。它出生 5 天后，便会飞出蜂房，举行飞行婚礼，让数只雄蜂与其交配。之后，它再飞回蜂房，余生四五年，用之产卵，每日 2000来枚。

春天来临，蜂王开始产卵，一室下一卵。受精卵子产生工蜂，未受精卵子产生雄蜂。

3 天之后，每枚卵子会爬出一条幼虫。更年轻的工蜂，也就是保姆，用花粉喂养它们一个星期。随后，工蜂用蜡封闭巢室，幼虫渐渐成熟，变成成年蜂。

有组织的社会

　　工蜂生命伊始的前 4 天，干的是清洁工，接下来的 6 天，充当保育员。随后，又当了 3 天仓库保管员：保管花粉和花蜜，用力扇动翅膀，给蜂房通气。之后的 4 天，生产蜡，参加建设蜂房。另外 4 天，在蜂房担任门卫。接着，飞舞在花丛之间，采集花粉、花蜜和蜂胶。

　　每个蜂房，在蜂王内室，都有几条蜂王的幼体。它们普普通通，被用一种极富营养的蜜——蜂王浆喂养，以便有朝一日成为蜂王。蜂王驾崩，工蜂便为新王的诞生挑起争斗。新王干的第一件事，就是杀死所有的王储，并举行飞行婚礼。

海绵

学名：*Phylum polifera*

海绵是一种
极原始、极简单的动物。
它模样像个袋子，只有一个洞口，
兼任嘴巴和肛门之职。

栖息在世界上所有的海洋。
特别是在热带海洋里，数量巨大，品种繁多。
有的品种也生活在淡水里。

海绵没有眼睛、脑子和肌肉。实际上，它没有任何内部器官。它的身体是一团细胞，成千上万个穿流海水的管道和腔穴贯通其间，每个细胞直接从海水中获取生命必需的食物和氧气。

海绵往往覆盖在深海的岩石上，彼此的内部管道紧密连结，组成数十个乃至数百个个体形成的基地。

有一种名叫"偕老同穴"的海绵，与一对大虾夫妇缔结共生关系。大虾夫妇幼年时，进入海绵内部，就永远留在里面了。大虾维持海绵的清洁，自己也受到保护，躲避掠食者的袭击。在许多亚洲国家，这些海绵用来做装饰品，或者作为结婚的礼物。

简单的结构

海绵根据相应的环境，以不同的方式再生。

生活在海水拍打十分猛烈的地方的海绵，往往无性再生：浪花将其漂流的躯体一小段一小段地卷走，这些段块紧紧黏附在一块岩石上，渐渐生长，成为新的海绵，其实它们是母海绵的克隆。而母海绵则慢慢再生失去的段块，治愈创伤。

有的海绵皮上会出现一些类似瘤子的细小芽体；分离后，它们会滚落海底，最后固定在一块岩石上。它们就在那儿生长，衍生出更多的成年海绵。这种情况下，再生也是无性的，子女是母海绵完美无缺的克隆。

与其他动物一样，海绵也会有性再生。繁殖期间，它们在水中释放精子和卵子，两者相互结合，成为受精卵。受精卵变为海绵幼体，游弋不停，最终找到一块合适的岩石。这时候，它们便固定在岩石表面，渐渐生长，变成成熟的海绵。

海绵有一个其他任何动物都不具备的特点，那就是它增补的能力。一个遭到破坏的海绵，断裂成无以数计的段块，都有增补的能力，数小时之内即可完全还原，组成新的个体。

档案卡

04
非洲象
Loxodonta africana

奇闻异事

非洲象很大，每天要喝 190 公升水，吃掉 250 公斤草、灌木、根茎和树皮。

它的鼻子很有力，能拔倒一棵大树；又很灵巧，能轻轻地、毫无损伤地采摘一朵鲜花。

高度	重量	寿命	食物	灭绝 | 受到威胁 | 濒危
6-7 米	5-6 吨	60 年	食草动物	EX EW CR EN VU CD NT LC

06
倭黑猩猩
Pan paniscus

奇闻异事

倭黑猩猩和人类一样，面貌特征各自不同，可以根据脸庞进行辨认。

倭黑猩猩具有同情、同感等情感。它们也会有无私、耐心和敏感的表现。不久以前，人们还以为这是人类才有的。

高度	重量	寿命	食物	灭绝 | 受到威胁 | 濒危
约 70-90 厘米	约 30-40 公斤	40 年	杂食	EX EW CR EN VU CD NT LC

08
海豚
Tursiops truncatus

奇闻异事

有资料显示，曾经有成群海豚挽救了濒临淹死危境的游泳者的生命。

有一次，一群海豚为护卫受到一条大白鲨袭击的两名潜水员，搏斗了好几个小时。最终，他们获救了。

长度	重量	寿命	食物	灭绝 | 受到威胁 | 濒危
2-4 米	150-650 公斤	40-50 年	掠食者，食肉	EX EW CR EN VU CD NT LC

10
红袋鼠
Macropus rufus

奇闻异事

　　红袋鼠能以每小时 60 公里的速度移动，跳跃达 3.30 米高、9.15 米远。

　　它的两眼能同时朝前和向后观看。

高度	重量	寿命	食物	灭绝 ‖ 受到威胁 ‖ 濒危
约110-180厘米	约70-90公斤	22 年	食草动物	EX EW CR EN VU CD NT **LC**

12
杜鹃
Cuculus canorus

奇闻异事

　　杜鹃猎捕各种毛虫、蜘蛛和昆虫；不过，最喜欢的，还是其他禽鸟嫌难以消化而弃之不食的鳞翅类毛虫。

　　鳞翅类毛虫对许多耕作植物是一种危害，因此，这种鸟对农业颇为有利。

翼展	重量	寿命	食物	灭绝 ‖ 受到威胁 ‖ 濒危
33 厘米	105-130 克	16 年	食虫动物	EX EW CR EN VU CD NT **LC**

14
帝企鹅
Aptenodytes forsteri

奇闻异事

　　游泳健将，最高时速可达 20 公里。

　　帝企鹅是一种单配动物，也就是说，它终生忠实于伴侣。

长度	重量	寿命	食物	灭绝 ‖ 受到威胁 ‖ 濒危
120 厘米	40 公斤	25 年	食肉动物	EX EW CR EN **VU** CD NT LC

16
青蛙
Ranidae

奇闻异事

世界上有 3800 种蛙。大部分栖息于热带和赤道地区丛林。

两栖指它们有两种生活方式：蝌蚪时期，生活在水中；成年时期，栖息于地上。

长度	重量	寿命	食物	灭绝 ┃ 受到威胁 ┃ 濒危
10-30 厘米	15克 -3公斤	3-13 年	成年后捕食昆虫	EX EW CR EN VU CD NT LC

根据种类不同而变化

18
海马
Hippocampus

奇闻异事

世界上有 34 种海马，大部分栖息在温带和热带地区。

在海马世界中，怀孕的是雄性。

长度	重量	寿命	食物	灭绝 ┃ 受到威胁 ┃ 濒危
15 厘米	7克	3-5 年	掠食者，吞噬微型细胞。	EX EW CR EN VU CD NT LC

20
鳗鱼
Anguilla spp.

奇闻异事

出生的时候，鳗鱼均系雌性。而随着时间的推移，大约一半鳗鱼会变性成雄性。

迁移时并不进食，其胃因此而萎缩。

长度	重量	寿命	食物	灭绝 ┃ 受到威胁 ┃ 濒危
长约150 厘米 短约50 厘米	重约3.5公斤 轻则0.5公斤	雌性8年 雄性12年	杂食	EX EW CR EN VU CD NT LC

22
蚕蛾
Bombyx mori

奇闻异事

就体型大小的比例以及生命的时间而言，蚕蛾是吃得最多的动物。

蚕蛾相貌不佳，雌蛾能用一种让雄蛾在数公里之遥闻到的物质，来吸引雄蛾。

长度	重量	寿命	食物	灭绝 ┃ 受到威胁 ┃ 濒危
9—12 厘米	0.25—0.75 克	1 年	食草动物	EX EW CR EN VU CD NT LC

24
蜜蜂
Apis mellifera

奇闻异事

雄蜂和蜂王无刺，不会叮咬。

执行勘察的工蜂做出动作，犹如翩翩起舞似的，向负责储藏的工蜂指明发现食物的方向和距离。

长度	重量	寿命	食物	灭绝 ┃ 受到威胁 ┃ 濒危
17 毫米	200 毫克	3 个月	食素	EX EW CR EN VU CD NT LC

26
海绵
Phylum polifera

奇闻异事

古罗马士兵用海绵当作杯子喝水。

大部分海绵能抵御海洋污染，能忍受碳氢化物和重金属，而不受到巨大伤害。

长度	重量	寿命	食物	灭绝 ┃ 受到威胁 ┃ 濒危
2—250 厘米	视情而定	视情而定	吞噬微型细胞,能过滤食物	EX EW CR EN VU CD NT LC

根据种类不同而变化

图书在版编目（CIP）数据

神奇动物：全6册．生命初始／（西）舒利奥·古铁雷斯著；（西）尼古拉斯·费尔南德斯绘；林雪译．——北京：中国友谊出版公司，2020.12

ISBN 978-7-5057-5016-6

Ⅰ．①神…　Ⅱ．①舒…　②尼…　③林…　Ⅲ．①动物－儿童读物　Ⅳ．① Q95-49

中国版本图书馆 CIP 数据核字 (2020) 第 202391 号

著作权合同登记号 图字：01-2020-6956

Animales Extraordinarios Series: Nacer
Text Copyright 2009 by Xulio Gutiérrez
Illustration Copyright 2009 by Nicolás Fernández
First published in Spain by Kalandraka Editora
Translation copyright 2021, by Beijing Creative Art Times International Culture Communication Company
This series is published in simplified Chinese as a set of 6 titles, arranged through CA-LINK International LLC

书名	神奇动物：生命初始
作者	[西班牙] 舒利奥·古铁雷斯
绘者	[西班牙] 尼古拉斯·费尔南德斯
译者	林雪
出版	中国友谊出版公司
发行	中国友谊出版公司
经销	新华书店
印刷	北京中科印刷有限公司
规格	710×1000毫米　8开
	4印张　43千字
版次	2021年4月第1版
印次	2021年4月第1次印刷
书号	ISBN 978-7-5057-5016-6
定价	198.00元（全6册）
地址	北京市朝阳区西坝河南里17号楼
邮编	100028
电话	（010）64678009

版权所有，翻版必究
如发现印装质量问题，可联系调换
电话 （010）59799930-601

神奇动物

隐身大师
OCULTOS

[西班牙] 舒利奥·古铁雷斯 著　[西班牙] 尼古拉斯·费尔南德斯 绘　林雪 译

中国友谊出版公司

生命之树

脊椎动物

棘皮动物

节足动物

软体动物

环节动物

刺胞亚门动物

多孔动物

出品人：许　永
责任编辑：许宗华
特邀编辑：何青泓
责任校对：雷存卿
封面设计：海　云
内文排版：万　雪
印制总监：蒋　波
发行总监：田峰峥

实　例

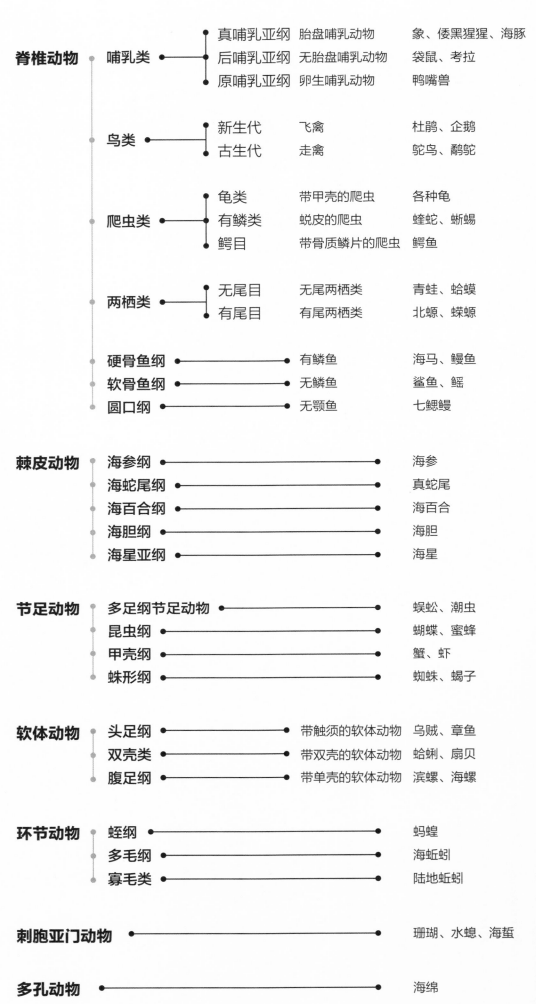

脊椎动物	哺乳类	真哺乳亚纲	胎盘哺乳动物	象、倭黑猩猩、海豚
		后哺乳亚纲	无胎盘哺乳动物	袋鼠、考拉
		原哺乳亚纲	卵生哺乳动物	鸭嘴兽
	鸟类	新生代	飞禽	杜鹃、企鹅
		古生代	走禽	鸵鸟、鹌鸵
	爬虫类	龟类	带甲壳的爬虫	各种龟
		有鳞类	蜕皮的爬虫	蜂蛇、蜥蜴
		鳄目	带骨质鳞片的爬虫	鳄鱼
	两栖类	无尾目	无尾两栖类	青蛙、蛤蟆
		有尾目	有尾两栖类	北螈、蝾螈
	硬骨鱼纲		有鳞鱼	海马、鳗鱼
	软骨鱼纲		无鳞鱼	鲨鱼、鳐
	圆口纲		无颚鱼	七鳃鳗
棘皮动物	海参纲			海参
	海蛇尾纲			真蛇尾
	海百合纲			海百合
	海胆纲			海胆
	海星亚纲			海星
节足动物	多足纲节足动物			蜈蚣、潮虫
	昆虫纲			蝴蝶、蜜蜂
	甲壳纲			蟹、虾
	蛛形纲			蜘蛛、蝎子
软体动物	头足纲		带触须的软体动物	乌贼、章鱼
	双壳类		带双壳的软体动物	蛤蜊、扇贝
	腹足纲		带单壳的软体动物	滨螺、海螺
环节动物	蛭纲			蚂蟥
	多毛纲			海蚯蚓
	寡毛类			陆地蚯蚓
刺胞亚门动物				珊瑚、水螅、海蜇
多孔动物				海绵

神奇动物

在自然界,一切都在不断地变化。物种通过自然选择,物种进化,以适应其生存的生态环境。但是,无论以往或未来,生态环境都在自然地变化。结果是,有些原先非常适应环境的物种,如今却不能在新的环境里生存下去,最终渐渐消灭。与此同时,其他一些更易变化的物种则取而代之,开启了一个适应新环境的时代。

生活在开阔、空旷的生态环境如平原、海洋中的物种,没有了可以藏身的地方,那就要靠它们的速度、力量和体型的大小了。在更为错综复杂的生态环境里,如热带雨林和珊瑚礁等地,有能力在环境里隐身的动物才能够大量繁殖。这些物种的进化促使它们产生适应性能力,渡过无力防备的难关。我们在本书中,将会见识一些

擅长"隐身"的神奇动物。

它们有些隐身在生态环境最为隐蔽的地方;有些进行伪装,与周边环境相仿;有些则意图模拟实质并非自己的东西。它们都是大师,通过骗过掠食者或猎物设法生存。

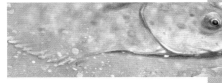

美洲豹

学名：*Panthera onca*

美洲最大的猫科动物。
从其皮毛、身体结构和捕猎方式来看，
酷似非洲花豹。

100 年以前，栖息于
自美国南部至巴塔哥尼亚
所有的热带丛林里。
如今，仅在墨西哥北部和阿根廷北部
无人问津的地区才可见到它的踪影。

　　美洲豹是一种特立独行的动物。它掌控着一片宽阔的领地，并不倦地巡视。夜幕降临或者曙光初现时分，是它最佳的捕猎时刻。在光线微弱的条件下，面对视力远不及它的猎物，它有极大的优势。

　　就身躯大小而言，美洲豹是继狮子、老虎之后排名第三的猫科动物。它的腿部肌肉发达有力，奔跑速度极快，跳跃极高，得以赶超并捕获猎物。不过它的耐力较差，因此，假如第一次袭击未果，就只得放弃退下。

　　与其他猫科动物不同，它在水里悠哉游哉，应付自如。只要合它的意，它喜欢在有水洼的地方，譬如沼泽地或者季节性泛水的热带雨林地带捕猎。

　　这种强大的猎手牙床极其强大，它们用长大的獠牙和巨大的门牙武装。

　　美洲豹在植物丛中潜行的时候，几乎不触动它隐身其间的树木花草。它缓慢地向前行进，盯住猎物，紧紧绷住肌肉。它时不时地停住脚步，然后完全不动地等待着，突然，它飞冲出去，没等猎物反应过来便扑过去。紧接着，它尖利的獠牙扎进猎物的脖子或者头颅，仿佛撕裂纸片似的，咬断猎物的骨头、跟腱和软骨。

　　美洲豹能捕猎鹿、水豚、貘、鳄鱼和蛇等大型动物；不过，它通常满足于捕获蛙、鼠、鸟、鱼等小型动物，有时也捕捉一些家畜。

阴影中的猎手

　　捕猎的时候，美洲豹通常悄悄行动。它的动作缓慢、精准。踩踏时，不会发出任何声响；它的脚掌有厚厚的肉垫，能减弱产生的任何声响。它的皮毛呈肉桂色，有棕色和黑色斑纹，跟热带雨林深处树干和树叶闪烁的亮光极其相仿。这样，它就可以非常靠近它的猎物，而不被看见和听见。

北极兔

学名：*Lepus arcticus*

一种兔科食草哺乳动物。

冬季呈白色，夏季呈褐色。

为的是在冻土地带生存而不易被发现。

北极兔拥有一层厚厚的毛，以抵御冻土地带出奇的低温。它躯体紧致，四腿短小，可以减缓热量流失。它的爪子大，能分散重量，在雪地上走动时不会陷进雪里。

夏季，北极兔以地衣、苔藓、种子、草和果实为生。它嗅觉极其敏锐，能远距离，甚至在雪下找到食物。到了最为严寒的月份，它就用两条后腿在雪地挖掘，寻找食物。它用长长的门牙凿冰，剥柳树枝条的硬皮，那几乎是它冬季唯一的口粮。

冻土地带没有树林，也几乎没有灌木，北极兔没有躲避掠食者的地方。它最佳的自卫办法就是不被看到。因此，在漫长的北极冬季，除了它耳朵尖上有一块小小的黑色斑纹之外，全身雪白。这样，它在雪地上过往，就不会引起注意。

短暂的夏季，冰雪融化，植物长芽，冻土地带处处鲜花盛开，色彩缤纷。这时候，北极兔的毛又变回灰褐色，可以混迹在黄褐色的土地、遍布岩石的灰色地衣以及统领这一景色的植物和灌木的褐色枝条之中。

夏季，北极兔显得异常活跃：它放弃了冬季的孤独生活，从一个地方到另一个地方，寻找食物和伴侣。它常常聚集上200多只伙伴，组成群体。当它们逃离掠食者的时候，它们会有组织地奔跑，一同改变方向，仿佛合而为一。

隐身衣

　　诸如北极熊、北极狐以及雪雕等大型掠食者常在冻土地带徘徊巡视，搜索毫无防备的猎物。要是有哪一个掠食者逼近，北极兔会立即一动不动，这样就不会被看见。

　　一旦被发现，它还有另一种选择：用两条强壮有力的后腿，朝空中一个大跳，然后飞速奔跑，拼命兜圈子，变换方向，目的是让追捕者摸不清方位。奔跑时，其速度每小时可达 65 公里。

树懒

学名：*Folivora*

一种生活在树上的哺乳动物，
圆脑袋，大长腿。
与食蚁兽沾亲带故。

世界上有 6 种树懒。
都栖息在中美洲和南美洲
温暖炎热的树林里。
亚马孙河流域及奥里诺科河流域，
它们数量繁多。

　　树懒是世界上动作最缓慢的哺乳动物：它在树上每爬一步，要耗时半分钟；爬 1 米远，需要 4 分钟。

　　它的动作极其缓慢，热带雨林里的大型掠食者如美洲豹、老鹰和美洲豹猫等，很难发现它。它用有力、又长又尖利的爪子抓住一根树枝，平静地吊挂在上面，一动不动，也可以不被发现，渡过难关。它体型小，重量不大，可以爬到又高又细的树木枝条上去；而它的敌人重量大，是上不去的。

　　树懒的颈椎骨很特殊，脑袋能转动 270 度。这样，它不用活动身体的其他器官，就能从高处观看四周，也不会暴露自己的身影。

　　树懒每天睡眠 20 个小时。因此，它体能消耗很小，吃得很少。它只吃它栖息的那棵树上的嫩芽、花朵和叶子，每星期下树一次，在它领地挖掘的洞里撒尿拉屎，把从植物中吸取的营养，还给植物一半。丛林土壤中养分很少，树木由于树懒的存在而得益。

　　树懒很少在树上挪窝，它得拖拉着身子，缓慢而笨拙地在丛林地面上挪动，即便使上四条腿，也不能挺直行走。这时候，就算它不是完全没有自卫能力，也非常脆弱。一旦看到自己处境危险，它巨大的爪子会让掠食者受到严重的伤害。它还是游泳健将，能迅速穿越河流。

生命乐园

　　树懒有一身厚厚的肉桂色皮毛，与热带雨林的植物分不清彼此。它的毛具有各种绿色色调，因为包含着数百万个细菌和能起光合作用的薄膜藻类植物。有着这种共生关系，大家都有好处：树懒能完善它的伪装，细菌每天可以得到几小时的阳光。

　　好几种蝴蝶把卵产在树懒浓密的毛里。还有成百上千个甲虫、扁虱等其他昆虫栖息在它身上。它们连同细菌和藻类植物一起，把树懒变成了一座生命乐园。

大麻鳽

学名：*Botaurus stellaris*

这种禽鸟结实、矮胖，
颈脖粗，鸟喙短，
火鸡一般大小。

栖息在欧洲、亚洲以及非洲部分地方的温和地区。
通常生活在湖泊、沼泽地和海滨沼泽地
等淡水区域。

　　大麻鳽属草鹭科，栖息于浅水海滨沼泽地。它在那里捕食小鱼，那可是它的基本口粮。它还捕猎其他动物，例如：蛙、毛虫、老鼠，甚至别的禽鸟。

　　与其他草鹭一样，大麻鳽守候着猎获猎物：它沿着河岸慢慢行走，几乎不搅动水面，为的是不引起注意。它锁定一个猎物，在用它剑一般锋利的尖喙准确一刺、穿透猎物之前，会停下几秒钟。随后，它会朝上伸长脖子，一口将猎物吞下。

　　大麻鳽是一种孤独的禽鸟，只有在繁殖时期才会去寻找伴侣。雄鳽发出一种嘶哑、低沉的声音来吸引雌鳽，鸣叫声在 3 公里开外都能听到。雌鳽接近的时候，雄鳽会翩翩起舞，举行求爱仪式，以图雌鳽接受，并与之交配。这场邂逅不过短短几分钟，交配之后，这对情侣便立即分道扬镳。接着，雌鳽忙着筑巢、产卵并照料子女，无需雄鳽帮忙。大麻鳽一夫多妻，在求爱期间，会勾引别的雌鳽。

　　大麻鳽飞得很低，动作缓慢、吃力。因此，在空旷的田野，它很脆弱。它不会轻易离开密密层层的芦苇丛和灯心草丛。只有在这些地方，它的行动才轻快、迅速。它两条短腿的顶端都有四只又长又有力的趾甲，可以在浅水海滨沼泽地黏稠的深处任意活动。这样，它就能轻松躲过狐、鹰、狗等掠食者的追捕。

一棵迎风灯心草

　　大麻鹭是一种很难见到的禽鸟。在栖息的芦苇丛中，它伪装得惟妙惟肖，它的羽毛与河滩里植物的颜色和纹理一模一样。

　　活动的时候，它不慌不忙，既不发出声响，动作也不鲁莽，十分警惕可能接近它的任何掠食者。

　　一旦发现危险，它便立即停下，往上伸长鸟喙，左右摇摆，仿佛一棵被风吹动的灯心草，随着它周边草丛的晃动而慢慢摇曳。

　　尽管捕猎者已经非常逼近，它仍能维持这种姿态好几分钟。只有在最后一刻，在它快被捕的那一刻，它才振翅起飞。

变色龙

学名：*Chamaeleonidae*

一种有鳞的小型爬虫。
眼睛大，有一条用来抓物的、
卷成螺旋形的长尾巴。

世界上160种变色龙中的大部分，
栖息在非洲。

变色龙是一种食肉爬虫，主要捕捉昆虫等小动物。

它的视力特别敏锐。它的眼睛大而凸出，由厚厚的眼皮包裹着，中间只留着一条小小的缝隙。每只眼睛可独立自由活动，因此，变色龙能同时朝两边观看，而无需转动脑袋。

要捕猎，变色龙便爬到一根枝条的高处，一动不动地待着，一面细细察看四周，直到锁定猎物。这时候，它的两只眼睛就转向猎物，获得立体视觉，确切估算猎物所处的距离。接着，它以千分之几秒钟的时间，伸出舌头，舌头上黏稠的唾沫裹住猎物，将其紧紧黏住。末了，它像大多数爬虫一样，不经咀嚼，便将猎物囫囵吞下。

有几种变色龙的舌头比自己的身躯还要长，可达1米多。

颜色交响曲

　　大部分变色龙呈褐色和绿色，混在植物中间，不致被发现。而且，它们的行动十分缓慢。如此这般，它们接近猎物时不会轻易被看到，也可不被在丛林里窥视它们的许多掠食者抓获。

　　它皮肤上的细胞有好几种色素，常常会形成图案以及十分明显的斑纹。变色龙通过展现它的颜色来跟它的同类交流沟通。这些颜色会显示：它现在是不是安全放心了，还是发怒了；是不是想接近一条雌性，与其交配，还是要逃之夭夭。而一定的斑纹则会显示它的生理状况：是冷了还是热了；是身体健康，还是病了。而对于雌性来说，还会显示是怀孕了，还是接受雄性了。

牛奶蛇

学名：*Lampropeltis triangulum*

一种色彩鲜艳的蛇，
有红、黑、黄各色环节。
几乎与珊瑚蛇一模一样。

栖息于中美洲大部分
和北美洲中东部
的森林和草原地区。

　　牛奶蛇和大多数蛇一样，无毒。它生性稳重，色彩艳丽，因此，有人把它当作吉祥物来圈养。

　　除了冬季，牛奶蛇是一种特立独行的动物。冬季，它与别的蛇一起冬眠避寒。春季它苏醒的时候，便从洞内爬出来捕食、交配。一个月之后，雌蛇在石头缝隙间中一个非常安全、温暖、湿润的地方，产下40枚左右的蛇蛋。接着，会孵育两个月。八九月份，小蛇破壳而出。

　　牛奶蛇白天隐蔽在石头之间，晚上出来捕食。它以捕获到的和缠死的小型哺乳动物、禽鸟和别的爬虫为生。它最喜欢吃的一种食品是鸟蛋，那是它爬上树去才获取的。牛奶蛇是对农场主有益的一种动物，它能捕捉农场和畜栏附近的大量啮齿动物。

　　跟其他蛇类动物一样，牛奶蛇终生生长。每年它都要蹭擦石头来蜕它粗粝的皮，增大躯体，然后长出一张更柔软、更大的新皮来。

　　珊瑚蛇的红色环节和黄色环节相接，而牛奶蛇的红色环节只与黑色环节相接。在北美洲，往往用这么一句谚语来加以区分：

红添黄，能杀人；红加黑，可交友。

14

杀戮者的伪装

珊瑚蛇会分泌一种剧毒。它有两只空洞的牙齿，仿佛注射器似的把毒液注进猎物体内。珊瑚蛇的色彩特别鲜艳夺目，为的是警告其他动物它极其危险。

而牛奶蛇身上装饰的环节正仿效了珊瑚蛇的环节。它利用这种伪装让掠食者退避三舍，以免将其果腹。在动物王国，这种拟态是屡见不鲜的：有的苍蝇，长得酷似黄蜂；有的没有自卫能力的鱼，仿佛毒鱼；甚至有的蝴蝶，貌似味道令人作呕的其他蝴蝶。

牛奶蛇也是一位出色的演员，珊瑚蛇的各种动作，它模仿得惟妙惟肖：一旦身处危境，它就将脑袋躲进身上的几个环节里，竖起尾巴，吸引袭击者的注意。如果受到攻击，它就会脱离尾巴，迅速逃跑；而那个掠食者却还在那里得意扬扬地吞吃那根掉落的尾巴呢。

箭蛙

学名：*Dendrobatidae*

现存 170 种箭蛙。

都栖息于热带地区，色彩鲜艳，皮肤有毒。

箭蛙生活在中美洲和南美洲
潮湿的热带雨林里，
特别是低洼、泥泞的地区。

    箭蛙是一种小型两栖动物，日间活动，栖息于热带雨林最为潮湿的地区。一生均在泥塘里度过，从不远离它出生的地方。

    在热带雨林出生的动物根据箭蛙的鸣叫声来寻找它：像世界上所有的蛙一样，雄箭蛙哇哇鸣叫，吸引雌蛙；只是雄箭蛙叫声尖厉而有规律，倒不会被混淆。

    雌箭蛙产卵的时候，雄蛙便在卵上射精，使其受精，在一个安全的植物密布的地方加以保护照看。卵孵化后，雄蛙将幼蛙移至背上，到达一个水塘，将其释放在内。一开始，幼蛙吃食植物和水藻。之后，等它们长出腿来，就开始捕食昆虫了，这也是成年蛙的主要食物。

    箭蛙行动缓慢，动作笨拙。它没有牙齿，也没有趾甲用以自卫。不过，为了保证自己的生存，它具备另一件武器：皮肤。它的皮肤布满了毒，所以极具毒性，而且，味道还很不好。

    如果有一种动物想吃箭蛙，毒就会灼伤它的嘴巴，并不得不将其立即吐出。随即，便会出现剧痛、恶心、失去知觉等症状，有时甚至导致死亡。如果这种动物再遇到箭蛙，就会认出它的颜色，记起它痛苦的经历，便不敢再行捕捉。

    箭蛙皮上的毒比吗啡强大 200 倍。美洲土著人习惯用这种物质浸泡箭头，用以捕猎。

致命的美艳

箭蛙的皮肤并不会产生毒素，毒素是从它捕食的昆虫身上获取的。它渐渐积累毒素，到了成年，分泌出的毒素如此之多，一跃成为地球上最危险的动物之一。而以无毒昆虫人工圈养的箭蛙，则是无毒的。

箭蛙身上装饰的鲜艳色彩，是对掠食者的一种警告，警示它们它皮上有毒。

这一现象，叫作"警戒功能"，在自然界中很常见：许多有毒动物，例如蜜蜂和鲉鱼，普遍使用黄色和黑色来表示警告，而臭虫和珊瑚蛇，则使用红色和黑色来显示意图。

欧洲鲽

学名：*Pleuronectes platessa*

大鲛鲆科及鳎鱼科
一种身体扁平的鱼类。
鱼头上方长有橙色斑块，
极易辨认。

栖息于自挪威至摩洛哥的东大西洋，
以及西地中海和黑海的
100 至 200 米深处。

　　欧洲鲽是栖息于大陆架广袤平川数量众多的扁平鱼类中的一种。

　　大陆架是地球上最富饶的一种生态系统，拥有种类繁多的动物，双壳类动物如蛤蜊，甲壳纲动物如螯虾，还有环节动物以及其他海洋蠕虫等。这些动物利用河流沙砾和黏土提供的养料，以及源自从海面垂落、死去的浮游生物的有机物而生。欧洲鲽可以掌控丰富的食物，但是，要在如此开阔的生态系统里生存，躲避掠食者，它的躯体还必须经历一场惊人的变化。

　　欧洲鲽在深海进行交配，它们在那儿排卵、射精。受精卵漂浮至海面。幼鱼在那里出生，进食浮游生物，历时约 2 个月。幼鱼破卵而出的时候，与其他鱼类十分相似，鱼头两侧各有一只眼睛，而其体形很像一条沙丁鱼。接着，幼鱼渐渐靠近海岸，寻找潮水区的水塘，开始蜕变：身体慢慢变得平坦，左眼朝鱼头右面挪动，而左侧的皮肤又恢复白色。欧洲鲽长到 2 厘米长的时候，已经具备了扁平鱼的模样，可以侧身栖息于海底生活。这时候，它便启程回归它出生的地方：大陆架的平川。那 100 余米深的地方是它永远的家园。

沙砾般的皮肤

　　欧洲鲽的生息环节里，其实并没有什么地方可以躲避诸如鲨鱼和海豚等大型掠食者的。

　　欧洲鲽游动缓慢，几乎从不离开海底。为了不被抓获，它极力将自己混淆于周边环境之中。在游动于海底的时候，它的皮肤变换颜色，与该地沙砾、石头和贝壳的色调几乎无异。之后，它稍许活动一下，将鳍边埋在土里，完全伪装隐蔽起来。

　　它颜色的变换极其精准，如果它置身于一副象棋的棋盘之上，它的皮肤上就会出现十分清晰的黑白两色图案。

欧洲鮟鱇

学名：*Lophius budegassa*

这种鱼很难与其他鱼类混淆：它没有鳞。
它的脑袋大而扁平，嘴巴巨大。

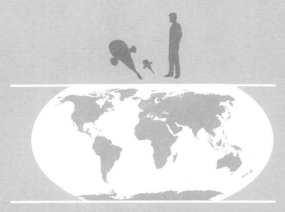

栖息于大西洋东北部及地中海
遍布沙砾与泥泞的海底，
海面与海底相距约1000米。

欧洲鮟鱇体型短粗，是一种大型鱼类。它并不擅长游泳。它的尾巴短小、肌肉发达，凭此得以激烈、迅猛地扑向猎物。它十分善于隐居海底，捕获在它附近过往的鱼类。

强大的胸鳍，能让它在海底游弋，而不引起其他鱼类的注意。

为了吸引它的猎物，它在嘴巴前面一面挥动背鳍第一根桡骨上的肉饵，一面模仿虾的动作。猎物一旦进入它力所能及之处，它就立即扑过去，贪婪吞下。

欧洲鮟鱇捕捉的猎物种类繁多，有鱼类、软体动物、头足动物等。它的欺骗手段颇为高明，较大的欧洲鮟鱇甚至能捕获受它肉饵吸引而飞临的海鸟。

欧洲鮟鱇的寿命很长，通常可享寿20余年。第六年，到了性成熟阶段，它会潜入800至1000米深处，进行繁殖。雌鱼在长1米、宽10厘米的紫堇菜色的大黏带上产卵。几个星期之后，幼鱼出生，奔向海面，它们要在那儿生息好几个年头。在这一阶段，欧洲鮟鱇的模样酷似沙丁鱼，可谓游泳健将。成熟之后，体型变化，日趋定型，迁徙至海底，并在此地度过余生。

捕鱼之鱼

欧洲鮟鱇在布满沙砾和黏土的柔软海底生息，几乎一半埋在土里，很难看到。它皮上的斑纹会完美地重现它周边环境的颜色和结构。它头的形状不规则，皮上有斑纹和节疤，与它生活的地方颇为相似。

它身体围有一圈皮的下摆，使它身体的四边与沙砾混淆，分辨不清。它常常隐蔽在石头之间，活像一块石头：它把尾巴和边鳍藏在一堆堆水藻里面，然后从石头后面逃窜，并且一直张着大嘴，像是一个洞穴的入口。

竹节虫

学名：*Phasmatodea*

竹节虫
属䗛目昆虫，
与将近 3000 种昆虫同群。
其躯体会模拟它们栖息其中的植物。

跟所有的䗛目昆虫一样，竹节虫也是夜间活动的食草动物，白天绝对纹丝不动。它是一种大型昆虫，不过行动缓慢，生性脆弱，只有依靠黑暗来行动和维持生计。它从不离开它喜爱的植物超过三四米。

有几种竹节虫，在被掠食者发现的时候，会突然张开它外翼下面裹着薄膜的翅膀。这些内翼上有又大又圆的斑点，酷似大型动物的眼睛。用这个伎俩，它迷惑了袭击者，随后趁乱逃离危险。

竹节虫的身子与一根小小的枝条惊人地相似。它皮上的皱褶和图案，很像植物的外壳。为了让伪装臻于完美，它行动缓慢，还模拟随风摇曳的植物。

竹节虫皮上有图案和色彩，与它生活其中的植物叶片几乎一模一样。为了使这一骗术更加逼真，它让筋络根根凸出暴露，还常常显露出赭色和褐色的斑点，犹如一片枯萎的叶片模样。而竹节虫的脚，也类似一片片绿叶，伪装着那叶片的侧影。

伪装大师

　　竹节虫将自己与周边环境混淆，躲避掠食者以自卫。它模拟赖以生存的植物的枝条、叶片、外壳和果实，惟妙惟肖。

　　这种昆虫的卵和幼虫也与植物的其他部分，如叶芽、种子、刺以及外壳的皱皮等十分相似。

桦尺蛾

学名：*Biston betularia*

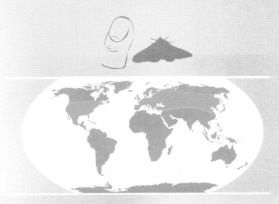

蛾科小型夜蝶。
白色翅膀上有黑色斑点，
模拟白桦树的树皮。

栖息于欧洲、
亚洲和北美
温暖和寒冷地区的森林里。

桦尺蛾的名字，源自它白天喜欢待在这种树的树皮上的偏好。只有在夜晚，它才起飞进食、寻找伴侣。

这种飞蛾不尽相同：有的明亮呈白色，有的灰暗呈黑色。黑色的蛾子在树木的白色氛围里很显眼，容易充当禽鸟的猎物。因此，色彩灰暗的比色彩明亮的更为稀少。

工业革命时期，英国工厂的烟囱排放出数量巨大的灰烬和炉渣，那时的主要燃料就是煤。由于这个原因，接连好几个年代，工业用地的景致变得黑压压一片，树木也染上了黑色。在这样的环境里，白色的蛾子在树林里一览无遗，各种禽鸟都来捕食，使其数量锐减，但是，色彩灰暗的蛾子却伪装得极其完美，数量递增。20 世纪中叶，大部分桦尺蛾是色彩灰暗的。

执行了反对大气污染和保护大自然的法律后，工厂排放煤气和矿渣减少，自然景色就改观了。燃料的替换和技术的更新使污染大为降低。由于普遍降雨，英国的田野便褪去黑锈色，重获美貌。白桦树重获原貌，树皮白花花的，禽鸟飞临，捕食灰暗黑色的蛾子，而明亮白色的蛾子来来往往，没有被发现。它们的数量恢复了，这种蛾子的地位又像数千年前那样稳固了。

不适应，即死亡

　　这种蛾子会模仿白桦树带有黑色斑纹的白色树皮的颜色，惊人地逼真。

　　这么一来，专吃昆虫的禽鸟就很难发现它们了。

　　它们的幼虫也会模仿：白色蛾子的幼虫呈绿色，与白桦树细嫩的枝条混淆在一起；而黑色蛾子的幼虫则呈暗褐色。

普通章鱼

学名：*Octopus vulgaris*

栖息于几乎所有海洋的海岸，
自海面至 1800 米深处。

头足纲软体动物，
有一颗鳞茎状的大脑袋，
8 根长长的触须；
每根触须上，有两排吸盘。

在无脊椎动物里面，章鱼最为聪明。它记忆力极强，有点学习才能，能解决简单的问题。它晚上比白天更活跃。章鱼的主脑在其头部中央，由一个软骨脑囊保护。此外，它还有 8 个非常小的脑子，分布在每条触须上面，负责每条触须的行动。

雌章鱼会产下一串串葡萄似的鱼卵，多达 4 万余枚，悬挂在海底洞穴的顶层。之后，它用石头封闭洞口，在里面待上一个月，护卫产下的卵，给水流鼓吹空气，使洞内充满氧气。这个时期，它毫不进食，最后筋疲力尽，以致鱼卵孵化不久，便因饥饿和体力耗尽死去。

尽管费尽努力，但通常只有一到两条幼鱼得以幸存，并成熟长大。

章鱼主要以捕食螃蟹、小型鱼类和软体动物为生。在扑向猎物之前，它往往喷射出一股墨汁，使其迷失方向，然后，用它仿佛鹦鹉嘴巴一般的尖嘴，将猎物撕裂成块。头足动物的墨汁，是一种具有令人恼火的成分的浓厚液体。章鱼也用来迷惑掠食者：当它处境危险的时候，就从呼吸器官喷射墨汁，迅速逃离，并排出一股水柱。假如逃跑未果，它会脱落一根触须，让袭击者顾此失彼，自己隐蔽起来。如果斗争的办法已经用尽，它便会用尖嘴噬咬，放射一种毒液，令袭击者剧痛受伤。

普通章鱼

聪明的冒牌货

章鱼的皮能变换颜色。它皮上铺有数百万个具有色素的细胞。表皮下面，还有数千个小块肌肉，能改变躯体的形状，以便模拟周边环境。

章鱼有时候会模仿一块石头的形状和颜色，甚至会长出皱褶，让自己与一块带有水藻的石头相像。

它的骗术快捷、精确，鲨鱼、海鳝、海豚游到离它几厘米的地方，却还浑然不觉。

有的章鱼还模仿有毒动物，如鲉鱼、水蛇等的形状和动作，来吓唬掠食者。

档案卡

04 美洲豹
Panthera onca

奇闻异事

　　美洲豹猎捕效率极高，能猎捕 80 余种不同的动物，远超狮子和老虎。

　　是唯一能像狮子和其他非洲大型猫科动物那样吼叫的美洲猫科动物。

长度	重量	寿命	食物	灭绝 | 受到威胁 | 濒危
110–190 厘米	40–150 公斤	20 年	食肉	EX EW CR EN VU CD NT LC

06 北极兔
Lepus arcticus

奇闻异事

　　雄性在争夺与雌性交配权的时候，彼此以拳头击打，酷似拳击运动员。

　　是食草动物，但是，食物紧缺的时候，也吃小动物和腐肉。

长度	重量	寿命	食物	灭绝 | 受到威胁 | 濒危
55–63 厘米	4–6 公斤	8 年	食草	EX EW CR EN VU CD NT LC

08 树懒
Folivora

奇闻异事

　　体温比其他所有哺乳动物低，约在摄氏 23 度至 32 度之间，因此，它常常面朝太阳取暖。

　　树懒脊背上的毛通常向上竖立，这样，它挂在树上，或者下雨的时候，就很容易排水。

长度	重量	寿命	食物	灭绝 | 受到威胁 | 濒危
45–85 厘米	4–8 公斤	40 年	食草	EX EW CR EN VU CD NT LC

根据种类不同而变化

10

大麻鹭

Botaurus stellaris

奇闻异事

　　雄性大麻鹭在求偶时的鸣叫，犹如一头公牛沉闷、深沉的哞叫。西班牙文 avetoro（中文意为公牛鸟）原意即由此产生。

　　由于湿地及其自然栖息地的消失，大麻鹭正在锐减，它们承受不了人类的侵扰。

翼展	重量	寿命	食物	灭绝 | 受到威胁 | 濒危
100–135 厘米	900–1100 克	11 年	食肉	EX EW CR EN VU CD NT LC

↑

12

变色龙

Chamaeleonidae

奇闻异事

　　变色龙没有听觉，完全失聪。

　　两眼可以单独活动，具有 360 度视角。

　　说变色龙改换其皮肤颜色是为了模仿附近的东西，这种说法是不确切的。它们改变颜色是为了传递情绪。

长度	重量	寿命	食物	灭绝 | 受到威胁 | 濒危
10–60 厘米	80–450 克	3–15 年	食肉，吃昆虫	EX EW CR EN VU CD NT LC

根据种类不同而变化

14

牛奶蛇

Lampropeltis trinagulum

奇闻异事

　　有一个关于它的神话，传说它晚上会从睡眠中的母牛乳房里吮吸奶汁，所以，人们也管它叫牛奶蛇。

　　有 25 种牛奶蛇，都很艳丽。其中，有一种是明亮的橙色，还有一种是白色的。

长度	重量	寿命	食物	灭绝 | 受到威胁 | 濒危
60–120 厘米	300–500 克	18 年	食肉	EX EW CR EN VU CD NT LC

未评估

16
箭蛙
Dendrobatidae

奇闻异事

金黄色的箭蛙是世界上最毒的两栖动物。

一只箭蛙的毒足以使 1500 人毙命。

这种蛙在夏威夷被尊为吉祥物，逐渐适应了热带雨林环境，现在给当地动物造成了很多问题。

长度	重量	寿命	食物（成年蜂）	灭绝 | 受到威胁 | 濒危
1.5-6 厘米	1-3 克	20 年	食肉，吃昆虫	EX EW CR EN VU CD NT **LC** ↑

18
欧洲鲽
Pleuronectes platessa

奇闻异事

欧洲鲽的肉不能生吃。烧煮时加热可以去除毒性。

在英国，消费量很大，是一道名菜"炸鱼薯条"（Fish and chips）的配料。

长度	重量	寿命	食物	灭绝 | 受到威胁 | 濒危
20-70 厘米	1.5-7 公斤	50 年	食肉	EX EW CR EN VU CD NT **LC** ↑

20
欧洲鮟鱇
Lphius budegassa

奇闻异事

有几种欧洲鮟鱇生活在浩渺的海底深渊。这几种欧洲鮟鱇，雄性初诞生时，便紧紧咬住一条雌鱼的鳍，一生敷贴在上面，仿佛寄生虫一般，以吸其血为生。终其一生，它所做的唯一差使是在雌鱼产卵时射精。

长度	重量	寿命	食物	灭绝 | 受到威胁 | 濒危
50-200 厘米	1-50 公斤	24 年	食肉	EX EW CR EN VU CD NT LC

未评估

22
竹节虫
Phasmatodea

奇闻异事

一只在马来西亚婆罗洲丛林里发现的竹节虫，是世界上最大的昆虫：长达 56.6 厘米。

有些竹节虫并不是从一枚由雄性授精的卵里诞生的，而是它母亲基因相同的复制品。这种繁殖叫作"单性生殖"。

全长	重量	寿命	食物	灭绝 | 受到威胁 | 濒危
5-50 厘米	视情而定	1 年	食草	EX EW CR EN VU CD NT LC

根据种类不同而变化

24
桦尺蛾
Biston betularia

奇闻异事

桦尺蛾群体内的变异，被称为工业性黑化。科学家认为，这是自然选择的一个进化典型。

像所有虫蛾一样，桦尺蛾也为亮光所吸引。常常因为接触灯泡或者光源而被烧死。

长度	重量	寿命	食物	灭绝 | 受到威胁 | 濒危
3 厘米	0.4 克	1 年	食草	EX EW CR EN VU CD NT LC

未评估

26
普通章鱼
Octopus vulgaris

奇闻异事

章鱼有三个心脏：两个心脏为它巨大的脑子供血，一个为其身躯其他部分供血。

雄性章鱼的生殖器是它的第三个右臂，用来从它的泄殖腔取出一股精子，注入雌章鱼的泄殖腔内。

长度	重量	寿命	食物	灭绝 | 受到威胁 | 濒危
50-100 厘米	1.5-10 公斤	1-2 年	食肉	EX EW CR EN VU CD NT LC

未评估

图书在版编目（CIP）数据

神奇动物：全6册. 隐身大师 ／（西）舒利奥·古铁
雷斯著；（西）尼古拉斯·费尔南德斯绘；林雪译. ——
北京：中国友谊出版公司，2020.12
ISBN 978-7-5057-5016-6

Ⅰ．①神… Ⅱ．①舒… ②尼… ③林… Ⅲ．①动物－
儿童读物 Ⅳ．① Q95-49

中国版本图书馆 CIP 数据核字 (2020) 第 202390 号

著作权合同登记号 图字：01-2020-6956

Animales Extraordinarios Series: Ocultos
Text Copyright 2012 by Xulio Gutiérrez
Illustration Copyright 2012 by Nicolás Fernández
First published in Spain by Kalandraka Editora
Translation copyright 2021, by Beijing Creative Art Times International Culture Communi-
cation Company
This series is published in simplified Chinese as a set of 6 titles, arranged through CA-LINK
International LLC

书名	神奇动物：隐身大师
作者	[西班牙] 舒利奥·古铁雷斯
绘者	[西班牙] 尼古拉斯·费尔南德斯
译者	林雪
出版	中国友谊出版公司
发行	中国友谊出版公司
经销	新华书店
印刷	北京中科印刷有限公司
规格	710×1000毫米 8开
	4印张 43千字
版次	2021年4月第1版
印次	2021年4月第1次印刷
书号	ISBN 978-7-5057-5016-6
定价	198.00元（全6册）
地址	北京市朝阳区西坝河南里17号楼
邮编	100028
电话	(010) 64678009
	版权所有，翻版必究
	如发现印装质量问题，可联系调换
电话	(010) 59799930-601